普通高等院校地理学系列教材

地理学要义

陆地表层系统研究的思维基础

宋长青　著

图书在版编目（CIP）数据

地理学要义：陆地表层系统研究的思维基础/宋长青著. —北京：商务印书馆，2022（2023.9 重印）
普通高等院校地理学系列教材
ISBN 978-7-100-19756-4

Ⅰ. ①地… Ⅱ. ①宋… Ⅲ. ①地表-系统模型-研究生-教材 Ⅳ. ①P931.2

中国版本图书馆 CIP 数据核字（2021）第 058068 号

普通高等院校地理学系列教材

地理学要义

——陆地表层系统研究的思维基础

宋长青 著

商 务 印 书 馆 出 版
（北京王府井大街 36 号邮政编码 100710）
商 务 印 书 馆 发 行
北京中科印刷有限公司印刷
ISBN 978-7-100-19756-4

2022 年 5 月第 1 版　　开本 787×1092　1/16
2023 年 9 月北京第 2 次印刷　　印张 7 1/4

定价：58.00 元

前　言

毋庸置疑，地理学是一门古老而又年轻、随时代不断进化的学科。言其古老，因其可以追溯到数千年前人类祖先对地理现象的记载。言其年轻，作为现代实验科学，地理学较物理、化学等学科发展较晚，时到今日只有上百年的历史。在新技术蓬勃涌现的时代，地理学具有应用新技术、驾驭新技术、孕育新技术的能力，这样的能力成就了其时代的生命力。

众所周知，地理学是一门基础而应用潜力巨大的学科。言其基础，作为一个学科，它关注陆地表层系统及其自然和人文要素的空间分布格局、时空变化过程以及行为驱动机制，并以探索规律性为主要任务。言其应用，地理学关注的研究对象与人类的生产、生活息息相关，人类发展至今，每一寸陆地空间都与人类活动紧密相连，因而，地理学从研究对象、研究问题，到研究成果都与人类密不可分，从这个意义上来讲，地理学又是一门应用学科。

诚然，地理学发展至今尚存一些有待解决的客观问题。地理学的特性有哪些？地理学理论如何突破？地理学方法如何建设？地理综合研究如何提升？新技术时代地理学能否转型升级？经历了百年的发展，地理学充分展示其区域性的学科特性，并在科学研究和社会实践过程中得到完美的体现。而长期倡导的地理学综合性，无论在科学研究的方法建设中，还是在社会实践中表现都不尽如人意。事实上，地理学发展遇到了综合研究的瓶颈。地理学理论突破在于综合，地理学方法建设需要综合，陆地表层系统的综合研究成为当今地理学的难点。新技术、新方法的涌现为解译陆地表层系统的复杂性提供支撑，通过地理复杂性的认识、理解和表达，可能为地理综合研究开辟新的路径。

本书针对地理学面临的诸多基础性学科问题展开讨论，力求明晰地理学科的本质特征，提出地理学科复杂性特征；力求解析地理数据总体特征、认识地理数据的质量与解决地理问题的功能；力求探寻地理综合的思路，从要素、空间、尺度、界面等方面归纳地理耦合的方式，为地理综合集成奠定思维基础；力求总结地理学的研究范式，阐释不同地理范式解决地理问题的科学研究准则。

本书以地理思维介绍为主旨，缺少实际的研究案例，似有空对空的感觉。另外，由于个人水平有限，可能存在诸多错误观点，请广大读者批评指正！

在此，诚挚感谢东北师范大学景贵和先生、北京大学崔之久先生，本人在学习地理的关键阶段，追随两位先生的学术思想，初步建立了地理时间、空间、综合等关键地理知识的实践认识；真诚感谢国家自然科学基金委员会，提供本人涉猎地理学、地质学、大气科学、地球物理学、海洋科学、生物学和环境科学等方面的学习机会；衷心感谢北京师范大学、太原师范学院和哈尔滨师范大学为本人创造了对地理学深入思考的机会。

2020 年 2 月 14 日

草于新冠疫情于家中隔离期

目　录

一、地理学的特性与基本问题

摘要：学科通常都具有独立的研究对象、独立的学科问题、独特的学科特征以及独特的社会服务功能。本章节从三个方面论述了地理学的属性，进而认识现代地理学的时代特征。① 地理学研究对象的演化经历了由简单向复杂的变化过程。在研究实践过程中，应充分认识地理系统的复杂属性。② 地理的要素、空间与时间相互融合构成了独特的学科问题体系，阐述了不同地理问题的本质区别，进而促进解决不同地理问题的技术与方法体系建设。③ “还原论”与“整体论”并举的地理学哲学思维方兴未艾。地理学强调的综合研究在当今时代受到了前所未有的重视。在新兴学科和新兴技术的支撑下，出现了地理要素和地理系统并行研究的新格局。从地理学研究的基本特征出发，总结了地理学研究的核心问题，探讨地理学驱动机制对地理规律的组合效应。理解地理学关键特征和时代价值，有助于探索地理学的社会发展契机。

关键词：地理学属性；地理学基本问题；格局—过程—机理

学科是人类知识体系中的基本单元。成熟的学科具备基本的理论、方法和技术体系。在人类科学发展史上，能够长期生存并得到健康发展的学科都是“有趣、有用、有竞争力”的学科。一般而言，它们都具有独立的学科对象、独立的学科问题、独特的学科特征以及独特的社会服务功能。地理学作为一门古老而悠久的交叉学科，具有与其他自然、人文学科截然不同的学科属性和演化路径。追溯至地理学形成之初，地理学者主要关注对空间自然和人文要素的描述与形象化的解释。随着地理学的进一步发展，地理学对地理过程进行了长达半个世纪的深入探讨，力图从地理要素演化动力的视角阐述地理规律的形成原因。时至今日，地理学进入系统研究时代，力图在解析地理要素的基础上，理解地理要素的相互作用和区域系统的演化规律。本部分主要阐述地理学科的固有特征以及特有的科学问题。通过对地理学的全面理解，认识地理学存在的价值，从社会、历史和学科层面为发展和提升地理学找到契机。

（一） 地理学科的本质特征

地理学是研究陆地表层自然、人文要素及区域系统的时空格局、变化过程和动力机制的学问（宋长青，2016）。

1. 地理学研究对象随着学科进步存在着由简单向复杂的演化过程

地理学研究核心关注陆地表层自然和人文要素构成的有机系统，并将与人类活动关系密切的海岸带纳入陆地表层的空间范畴。从20世纪后半叶始，一批科学先驱开始倡导用系统科学的思维开展地理学研究（钱学森，1991；吴传钧，1991；黄秉维，1996）。回顾地理学的发展过程，不难发现，就研究对象而言，地理学经历了单一自然和人文要素的研究、多种自然和人文要素的研究以及把陆地表层作为一个完整系统开展研究的三个阶段（图1-1）。地理环境单要素可分为自然要素和人文要素两大类，其中自然要素主要包括陆地表层水、土壤、气候、生物要素，人文要素主要包括人口、经济、政治、文化、历史等具有明显空间特色的要素（宋长青，2016）。

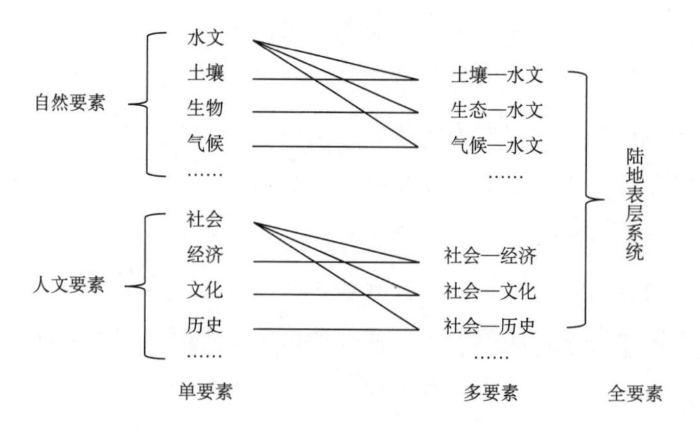

图1-1 地理学多层级研究对象的构成

早期的地理单要素研究以要素的属性特征测量为基础，开展要素的空间分异规律研究，如土壤地理学是以土壤本身的物理、化学和生物属性特征测量为基础，开展土壤分区研究。单要素研究的目的是理解要素的陆地表层行为，把研究要素视为因变量，其他地理要素和非地理要素视为解释变量，并建立因果关系。

地理多要素研究是将陆地表层的自然和人文多个要素作为整体开展研究。如土壤—水文、生态—水文、社会—文化、生态—水文—经济等。多要素研究更多强调陆地表层多个要素相互作用过程，采用地理区域要素耦合的理念，通过模型模拟实现对多要素相互作用过程的认识。如生态—水文模型的目的是刻画生态、水文两个方面相互作用的行为及其各自要素的时空行为过程。

事实上，陆地表层是一个无法分割的有机整体，即陆地表层系统。陆地表层系统与其他的机械系统存在本质区别，它是一个开放系统，无法简单地用动力学方程描述。因而可以认为：陆地表层系统是一个多尺度耦合、组织结构复杂、驱动关系交织、演化具有高度不确定性的复杂的巨系统（宋长青等，2018b；程昌秀等，2018）。从系统的视角开展地理学研究是地理科学观的一次革命，地理学将开启以认识区域整体行为为目标、以系统科学以及复杂性的方法为手段的探索地理世界的新征程。

2. 地理学特有的要素、空间与时间相互融合的视角

无论是自然科学还是人文科学都以研究自然现象或人文现象的发生、发展以及变化规律为目的。地理学是研究陆地表层自然和人文要素发生、发展、变化规律的科学。与其他科学相比地理学研究表现出三方面的不同：① 面对诸多陆地表层自然和人文要素，地理学对独立要素、要素群以及全要素构成的系统开展研究，即研究单要素的个体行为、多要素的作用关系，同时研究全要素的系统行为；② 地理学强调陆地表层单要素、多要素和全要素系统的区域或空间状态特征和过程特征，探讨区域或空间上的自然和人文要素的分异规律、区域或空间上的要素相互作用方式与强度以及不同尺度空间的叠加效应，这是地理学科的核心特征之一；③ 地理学空间分异规律通过区域或空间的梯度变化来表达，地理状态随时间的变化体现了地理过程。总体而言，地理过程是地理要素的时间过程、地理空间随时间的变化过程、地理要素的相互作用过程、地理系统的时空演化过程。因而，不难看出地理学是以要素、要素群、系统为对象，以空间为核心特征，以时间演化为特色的独特的自然、人文和社会领域的综合、交叉学科。

3.“还原论”与“整体论”的地理学思维并存

以还原论为主导的自然科学在状态、结构、运动研究中取得了巨大成就。早期的地理学也沿用这一思维模式，将陆地表层系统的要素进行结构拆解，分别建立针对水、土、气、生的研究体系，并形成了相应的分支学科，作为地理学的亚级学科存在，构成了现有的地理学科体系。然而，还原论思维指导下的地理研究割裂了地理要素的内在联系，忽视了地理作为有机系统的本源特征，因而无法理解陆地表层的本质。随着系统思想的诞生以及系统科学工具的逐渐完善，地理学在接受还原论思维的同时，从实验科学的研究方式开始构建整体论的思维逻辑，开展大量要素群的耦合研究，探索陆地表层系统，进而提出将陆地表层系统视为复杂系统来开展研究（程昌秀等，2018）。

（二） 地理学的学科基本特性

成熟的学科表现在其理论、方法和技术体系的完善程度，还表现在学科基本问题的独特性和系统性。地理学的基本问题是基于学科基本特点而存在的。

1. 地理格局与地理空间特征的探索是地理学研究的主要特点

地理格局是地理现象在区域和空间结构上的表现。地理格局是变化的，包含着地理要素相互作用的丰富内涵，因此地理格局是十分重要的地理特征。在经典地理学研究中，对地理格局的研究有两个特点：其一，针对地理单要素的空间分布与空间结构的划分，如气候区划、植被区划、土壤区划等。其二，力图理解地理区域与地理空间的稳定状态。一般而言，用地理要素多年平均值表达一个特定区域的地理要素的空间分异特征。经典地理学格局研究建立了一系列区域研究的标准、规范，为认识地理区域特征提供了扎实的基础。随着科学研究的深入，人们发现自然界在不同时间尺度上格局变化呈现出多周期的复杂变化特征，尤其是在人类活动的胁迫之下，地理格局的演化表现出强烈的非线性的趋势性变化特征。事实上，地理格局处在不断的变动状态中，当今地理学研究的目标一方面是研究稳定的地理格局特征，另一方面是捕捉地理格局变化的规律，而不是简单地通过多年观测数值的平均化而忽略那些格局变化的高频特征。

从静态到动态的格局研究是地理学格局研究的发展趋势，也是学科发展的必然需求。这方面已经取得了一些成就，如史培军等利用 1961～2010 年气温和降水量的变化趋势值、波动特征值定量识别了中国气候变化的格局特征，并结合中国地形特点，以县级行政区划为单元，实现了中国气候变化区域划分（史培军等，2014）。但是，基于地理多要素和地理系统的格局研究尚显不足，其原因在于科学界尚未找到有效的划分地理多要素相互作用的研究方法，实际上区域系统综合研究方法尚不成熟。同样，也未找到地理系统的表达方式，这是地理学面对的严峻挑战之一。

2. 地理学研究的核心是探索地理时空过程

地理过程是随时间和空间变化的地理格局（蔡运龙等，2011；李双成，2013）。地理过程是地理学研究的核心内容，是解释地理格局的基础，是理解地理机制的关键，是实现地理服务的前提。

从地理学视角可将地理过程分为时间过程与空间过程，针对地理要素的行为方式可分为物理过程、化学过程、生物过程与人文过程。地理过程研究是将地理要素的物理、化学、生物和人文变化结果，或多要素、多过程相互作用的结果映射到时间、空间维度上，实现对陆地表层要素行为方式的地理学解释。反之，可以从陆地表层要素的物理、化学、生物和人文过程理解地理格局、地理过程的形成机制。

空间现象的描述是地理学研究的基础。地理过程研究的本质是认识地理要素如何相互作用与相互影响，揭示地理现象时空演变规律。众所周知，地理现象纷繁多样，在开展过程研究时，从以描述地理特征为目的，到强调以服务社会为目的。这一目标的转变给地理过程研究带来了两方面的深刻影响。其一，从以单要素为重点的地理过程研究向以多要素相互作用为主体的研究转变。随着多要素相互作用研究的深化以及对陆地表层系统耦合方式和集成方法的拓展，地理系统的研究将被提到日程上来。其二，从地理学意义上，地理现象的时空变异规律是永恒的研究主题。在时间上更加强调理解地理对象的变化幅度、周期和频率，在空间上更加强调理解地理对象的空间变化梯度、尺度效应以及区际联系。回顾地理学近半个世纪的发展历程，过程研究是地理学最为辉煌的篇章。

3. 地理过程驱动机制是理解地理规律的重要基础

对于发生在陆地表层的自然和人文现象的时空格局及变化过程，均受自然内营力、自然外营力和人类活动的驱动（图 1-2）。由于传统地理学研究的时间尺度集中在千年、百年和年季尺度，空间尺度集中在地方和区域尺度，长期以来地表格局与过程研究以外动力解析为主，进而理解陆地表层水、土、气、生和人的行为，以及各要素的相互作用关系。随着地理学研究时空尺度的拓展，地球内动力对地表过程的影响成为认识地表过程不可缺少的动力因素，对地表过程的认识迫切需要从岩石性质、构造运动等方面加以理解。地理机制研究逐渐从单一外动力源向内外动力源转变，为解释地理过程的驱动机制创造更加合理、科学的逻辑基础。人类社会进入工业化以来，人类活动对地表状态、变化过程的影响越来越大，已经成为陆地表层变化过程的又一新的动力源。今天的人类活动已经成为与地球内动力和地球外动力同等重要的改造地表过程的强大营力之一。由于地球内动力、外动力和人类活动驱动力的作用范围、作用强度、作用方式、作用时间/空间尺度存在着明显的差异，针对不同的地表过程，从特定的角度研究和理解动力学机制是地理学发展的时代需求。地球内动力、地球外动力和人类活动驱动力存在复杂的叠加效应，使得地表状态和变化过程更加复杂，因而科学理解陆地表层的动力驱动方式是认识陆地表层变化规律的科学基础。

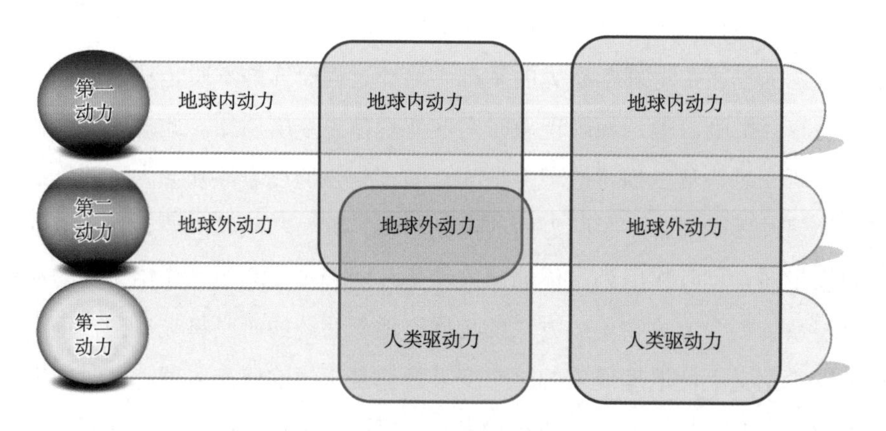

图 1-2　地理过程驱动机制构成示意

4. 三维解译的地理学科问题

理解学科问题是学科发展的基础，解决学科问题是学科进步的标志。地理学作为一门区域特色明显、对象结构复杂、尺度变异多样的学科，形成了特有的学科问题体系。从研究对象上看，有侧重地理环境的“单要素”，有侧重相互作用的“多要素”，有侧重陆地表层系统的“全要素”。从研究尺度上看，有侧重分子水平、地方、年季的小尺度研究，有侧重自然和人文个体水平、区域、十年至百年的中尺度研究，有侧重陆地表层不同复杂程度的区域、全球、千年至万年的大尺度研究。从学科问题上看，地理学基础问题是陆地表层的格局特征，地理学核心问题是陆地表层的时空过程，地理学本质问题是陆地表层演化的动力机制。

地理对象、地理问题和地理尺度从三个维度构成了地理学科问题体系（图 1-3）。回顾以往的研究发现，陆地表层单要素研究、地理格局研究取得了突出的成就，针对这些研究建立了系统的技术和方法体系。自 20 世纪 80 年代以来，针对陆地表层多要素研究和地理过程的研究取得了显著的研究成绩。自 2010 年以来，地理学尝试开展陆地表层系统的研究，引入系统科学的思维，逐渐形成陆地表层多要素研究的观测体系和研究思路，并开始进行良好的科学实践。

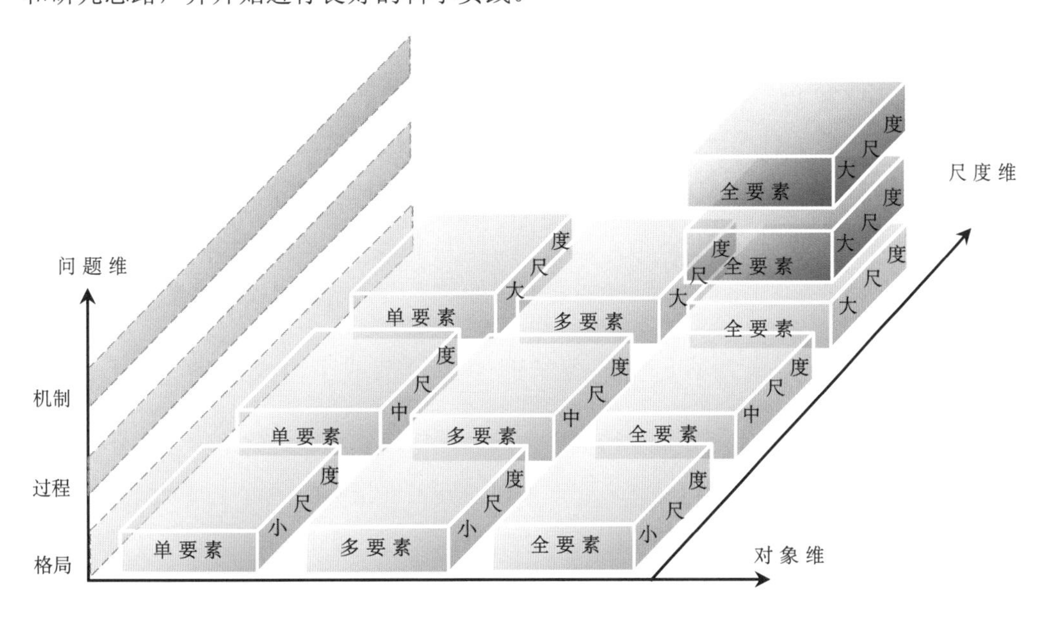

图 1-3　地理学科问题解析示意

（三） 地理学科面临的挑战与机遇

地理学科本质特征是区域性，地理学科的短板在于对区域综合特征的认识不足，地理学科的现实瓶颈是缺乏理解陆地表层系统复杂性的技术手段。随着物联网、大数据、云计算和人工智能等新技术的不断涌现，为地理区域性、综合性和复杂性研究提供了良好的机遇（程昌秀等，2018）。同时，在时代变革的今天，地理学者也面临理解新时代、顺应新时代和驾驭新时代的严峻挑战。

1. 空间易通性、环境的快速变化与可控性对地理区域研究提出了时代挑战

交通技术的发展提高了空间运输效率、降低了空间运输成本，在一定程度上突破了区域自然资源的空间约束（其实并没有绝对摆脱，运输成本、时间成本等依然有约束）。通信技术的发展提高了地域之间信息沟通的效率和质量，尤其是互联网和移动互联网技术的不断升级消除了区域之间的信息壁垒。由于气候变化的驱动，全球不同区域表现出较以往更快速的变化特征，从而对地理区域研究提出了从变化的视角理解区域的自然状态与区域行为的要求。随着新能源技术的不断升级，能源成本不断降低，在一定程度上改变了区域环境条件的约束。新型合成材料，已经成为传统自然资源的部分替代品，突破了自然资源的属性约束。以上种种可以看出，人类的生产行为、生活行为弱化了区域性约束，因此传统地理学研究的空间环境差异、空间资源约束和空间距离可达性方面面临着前所未有的挑战，空间要素关系、环境变化速率、空间移动成本、空间移动效率、空间移动风险将日益成为地理学区域研究关注的重点。

2. 地理综合性研究能力不足给地理学理论提升造成了巨大障碍

地理综合是传统地理学的重要特征之一。回顾地理学综合研究历程，可分为如下三个演化阶段：一是用地理自然和人文现象以及其表征指标的区域排列刻画区域综合特征；二是在地理信息技术支持下，对特定地理区域自然和人文现象以及其表征指标进行空间叠加，用于精细刻画区域综合特征；三是强调特定区域自然和人文要素的相互作用，基于地理过程理解区域的整体特征以及内部的空间分异过程，力求解析区域

综合特征的发生本质。在国家自然科学基金支持下，黑河流域生态—水文多要素间的集成研究取得了突出成果（傅伯杰等，2015；Song et al.，2017；Song，2019）。总体而言，地理综合研究至今尚未建立完善的方法体系，成为地理学发展、升级的主要障碍。

3. 复杂地理系统解析是地理学发展的重要途径

作为地理学的研究对象，陆地表层是一个复杂系统，因而复杂性构成了地理学研究的第三个重要特性（程昌秀等，2018）。对陆地表层系统结构的认识，不同的研究视角存在着多重定义，可分为：① 要素系统：以单一的自然和人文要素变化过程作为函数、相关要素为变量进行不同异质空间的关联，构成的要素系统（如水文系统）；② 区域系统：以特定区域整体变化作为函数、表征区域的关键自然和人文要素为变量，通过刻画区域要素相互作用的本质过程，表达区域整体的时空特征。解析复杂地理系统的关键在于对陆地表层过程的耦合解析，一方面要理解地理空间耦合、地理要素耦合、地理界面耦合、地理空间尺度耦合、地理耦合解译等过程，另一方面，解析地理耦合可以识别地理要素、空间、尺度、界面等结构关系和相互作用关系，同时为实现地理集成提供逻辑基础，进而从过程和机理上实现地理综合。诚然，地理综合研究一直止步不前，其原因在于地表过程的复杂性和地理复杂系统研究方法的匮乏，自 20 世纪 80 年代以来，复杂性科学的兴起为理解复杂地理系统提供了更多的方法支撑，也为突破地理综合研究的瓶颈提供了方法选择。人类社会发展进入了新时代，科学技术以崭新的姿态推动学科进步与研究范式的更新。高速移动网络提升地理信息传输能力，使移动计算成为可能；广域物联网络创造高时空密度的地理数据资源，使数据驱动研究成为现实；高性能云计算工具突破了计算障碍，使多要素、多过程、多尺度地理系统的解析更加通畅；全景人工智能方法的应用，使破解地理系统的复杂性有了新的路径。地理学研究进入新思维、新数据、新方法和新认识的时代。

二、地理复杂性：地理学的新内涵

摘要：20 世纪以来，经过地理学者的不断探索和努力，地理学已经形成了特有的学科特征。首先，从认知方法和思维角度，阐述了新时代地理学所面临的困境；从新技术、新秩序、新数据、新方法以及新动因等方面，诠释了地理学的新时代特征。其次，针对地理区域性的新内涵和地理综合性研究所需的新方法，提出了复杂性研究是地理学成功的新路径，并认为复杂性是地理学研究的第三特征。再次，重点讨论了地理研究存在的空间复杂格局、时间复杂过程和时空复杂机制，进而解释了地理复杂系统的基本概念，并就地理复杂系统的核心问题提供了相应的研究方法。最后，提出了新时代地理学面临的新挑战和新要求。

关键词：地理复杂性；空间复杂格局；时间复杂过程；时空复杂机制；地理学新内涵

无论是自然科学还是社会科学，其核心任务是探索、认识、理解自然现象和社会现象的发生、发展、变化规律、动力机制及演化趋势，并将其成果形成以概念、理论、方法和技术为中心的知识体系。长期的知识积累形成了别具特色的学科，众多学科构成了人类体系不同的特定单元。学科在长期发展过程中不断完善自身，成为认识自然和社会的重要工具，不同的学科以其固有的特征在认识自然和社会过程中起到不可替代的作用，并使其经久不衰而流传至今。作为认识世界的重要工具之一，地理学有着哪些与众不同的特征？

地理学是研究陆地表层自然和人文要素时空变化规律的学科（宋长青，2016）。其研究对象包括自然要素：水文、土壤、气候和生物，人文要素：政治、经济、文化等。

从要素的组成特征可以概括为：单要素（如水文）、多要素（如生态—水文）和全要素（如流域系统）。地理学科研究的问题包括：地理要素的空间分布规律——空间格局；地理要素随时间的变化——时间过程；地理要素变化的动力关系——驱动机制（宋长青，2016）。地理学科的首要特征是区域性，而且，区域性是地理学作为学科存在的基础（傅伯杰等，2015）。尽管有些学科也针对陆地表层自然要素和人文要素开展大量研究且取得了丰富成果，但是与地理学有所不同，这些学科一般更加注重要素的时间过程，而忽略了空间距离、空间环境和空间格局对要素变化的影响。地理学以其独特的区域视角，不可替代地从空间视角描述、解释陆地表层要素的变化规律。与地理区域性相对应，经典地理学还具有另外一个重要特征是综合性。在任何物理空间中陆地表层特征都是由多个要素共同作用的结果，理解不同尺度地理区域要素之间的相互作用以及在空间上表现的整体特征都是地理学综合研究的核心任务（傅伯杰等，2015）。基于综合研究对陆地表层理解的重要意义，地理综合性研究将引领地理学发展的未来。与数学、物理、化学等纯基础学科相比，地理学以陆地表层自然、人文要素为研究对象，并在规律性认识的基础上服务于社会，从而体现出地理学较强的应用性，而应用基础研究的学科性质决定了其发展过程很大程度受社会需求的牵引。

如上所述，经典地理学形成了特有的学科特征，随着社会的进步，今天的地理学发展面临着什么问题？应该选择怎样的走向？在当今社会对地理学需求如此旺盛的情势下，地理学、地理学家应该回答这些问题。

（一） 地理学发展面临的时代困境

以学科群整体提升为代表的科学进步对地理学提出了新要求。社会精细化、多层次的社会需求对地理学提出了新期待。新时代创造的新环境驱使地理学发生了新变化，面对这些新情势，如何认知当今地理学的学科发展能力、社会服务能力以及对相邻学科发展的带动能力是当今地理学家无法回避的新问题。

1. 困境 1：传统地理区域认知方法无法客观表达地理区域快速变化的事实

与其他学科有所不同，地理学的核心任务之一是理解、表达地理空间的差异特征，即地域分异规律，因而形成了地理学的区域性学科特征。传统地理学通过对长时间序列的观察和推演，归纳总结陆地表层环境要素的变化幅度、变化节律，形成对区域特征的宏观认识，并基于不同的区域原则，为人类认识陆地表层自然要素、人文要素以及多要素综合特征提供基础，形成刻画陆地表层“稳态”特征的方法体系。随着人类活动的强度、范围和方式的不断增强与扩展，陆地表层环境的“稳态”变得越来越脆弱。全球变化概念的提出以及大量的研究成果表明，陆地表层环境变化在人类活动影响下出现了单调的演化趋势（图 2-1）。认识变化的趋势、速度，理解陆地表层环境要素演化的驱动关系、演进模式成为地理学研究的新课题。

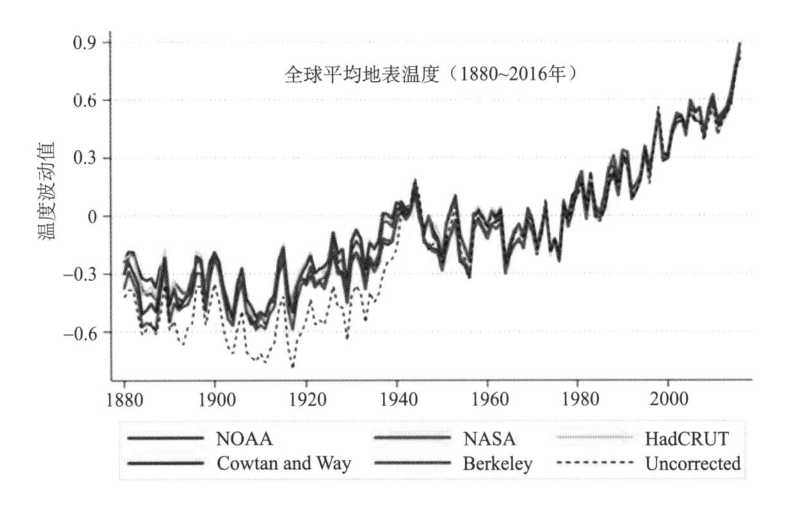

图 2-1　人类活动影响下单调的陆地表层环境变化演化趋势（Hansen et al.，2010）

2. 困境 2：传统区域综合认知方法解释区域整体结构的内在本质受到局限

地理区域是由陆地表层环境要素和人文要素组成的复杂综合体，多年来地理学家力求从综合的角度认识和理解地理区域形成、变化的内在机制，基于这一基本任务形成了地理学综合性的特征。所谓地理综合特指在地理区域中多种环境要素相互作用下形成的区域整体特征，并在此基础上认识其变化规律。传统地理学在认识区域地理要素的基础上，进行环境要素的机械叠加，通过罗列区域多要素进行区域综合特征的表达（宋长青和冷疏影，2005）。然而，这种对地理要素的简单罗列并不能表达地理综合的真实特征，在很大程度上忽略了要素的内在关联和相互作用关系。因而，现有的区域综合性研究在区域要素之间的作用关系、区域整体结构的形成演化，以及区域综合特征的整体表达等方面尚存在着明显的不足。

3. 困境3：传统思维方式难以从系统的角度阐释结构复杂、变化多样的地理区域变化规律

作为地理学研究的对象，陆地表层是由多尺度、多结构、多过程构成的自然—社会系统（钱学森等，1990；吴传钧，1991；黄秉维，1996）。但是，近代地理学沿袭了自然科学研究“还原论”经典的思维逻辑，将陆地表层相互作用的要素逐级分解进行研究，并形成对地理环境要素时、空格局和变化规律的总体认识，对地理系统的认识通常局限于区域多要素的罗列和叠加，对地理结构的层级、物质和能量关系研究尚未找到更好的办法。当今的研究发现，陆地表层是一个动态变化、非线性特征明显、空间相互作用显著、时间紧密连续的复杂系统。完全采用“还原论”的思维和方法体系无法准确理解地理事实。建立系统思维、从“整体论”逻辑出发、引入复杂性科学的概念是解译地理系统的最优选择。

（二） 地理学面对的新时代特征

时代的更迭体现在思维方式、追求目标、实现路径以及周边环境的全新变化，新时代应有明确、具体、兼具继承、体现创新的新内涵。地理学的新时代是指当今地理学研究的新环境、新任务、新思维和新方法等，与以往相比有不同的、明确的内涵。从以下几个方面阐述地理学的新时代特征。

1. “新技术”涌现地理学研究的新观念

随着科学技术水平的整体进步，科学研究的理念发生了巨大的变化，科学问题的提出和解决不得不考虑技术进步所提供的支撑条件。事实上，随着技术的进步不断地改变了科学研究的观测、探测能力，改变了时间、空间观念，改变了研究对象的认识能力。技术进步正在很大程度上改变着地理学界的思维观念。

交通技术的进步彻底改变可移动自然、人文要素的空间运送成本和运送速度，在

空间布局上突破了资源和环境条件的空间约束。例如，20 世纪中叶，煤炭工业的布局受煤矿资源分布的约束，而钢铁工业的布局受铁矿及煤炭资源分布的约束。同时，由于交通技术的进步加速了自然、人文要素的空间流动速度和范围，使自然、人文和社会要素的空间组合发生了根本性变化。

互联网、移动互联网技术彻底改变人类的沟通效率、交流方式，丰富了科学家研究的数据资源。沟通速度的提高、信息融合与加工能力的增强，提升了描述人类空间行为的能力和精度，导致了地理空间格局的演化速度和结构特征发生根本性变化。由于交流方式的改变，如：多方隔空会面的实现，减少了人类沟通的情感障碍，增加了交流内容，提升了合作机率，为综合认识地理过程提供了情景准备。由于网络化社会产生了丰富的自然和人文要素的数据资源，使得人类能够观察到更多的人文、自然要素变化指标，为地理学家开展综合、系统研究提供了数据基础。

物联网技术的出现在很大程度上丰富了地理学研究的方法体系，促发从模式思维向数据思维转变。地理学面临的三大核心问题：格局、过程和机制，三者是连续的整体，其中地理过程的认识是关键。格局依赖过程加以解释，机制是对过程的动力学刻画。物联网技术的产生能快速、实时地对人文和自然地理要素进行高密度的监测，提供多要素的、连续的时间和空间数据体系，从而突破稀疏数据简单条件的、依赖模式思维的限制，因此，可以利用具有地理意义的、多源的数据体系开展地理时空格局和过程研究新尝试。同时，丰富的数据资源为开展地理系统、地理过程非线性研究提供可能。

21 世纪，人工智能技术将改变人类社会及人类认识自然和社会的各个领域。陆地表层系统是一个复杂特征明显的地理系统，在相当长的一段时间里科学界尚无法彻底解译其内在的演化机制，在小数据和大数据的共同支持下，利用人工智能技术，从系统科学思维理念出发，有可能更加清晰地认识地理系统的变化规律。

2.“新秩序”产生地理学研究的新视野

全球治理体系和国家治理政策的变革直接影响地理学研究命题。殖民时期国家突破了边界限制，促成了生产资料和产品大规模的空间流动；经济全球化时代创建了国际共同遵守的国际经济秩序、国际金融秩序、国际贸易秩序等（宋长青等，2018a），促进了全球产业分工；“一带一路”倡议的提出，将进一步改变地区，乃至全球的既有秩序，改变自然和人文要素的地理格局。随着中国政府生态环境建设和绿色发展理念的建立，地理学研究在认识地理过程的同时，更强调地理学的社会实践功能，相应地，地理学的研究尺度、研究内容、研究方法都会随之发生变化。

3.“新数据”出现地理学研究的新思路

随着定位自动观测、对地观测和网络技术的迅速发展，使得地理学的研究数据呈指数增长，地理学研究从数据稀疏进入数据稠密时代。在定性描述研究、定量动力刻画的基础上，丰富的新数据为开展地理系统研究、地理复杂特征研究提供了基础，为揭示地理区域综合本质特征提供了可能。

4.“新方法”创造地理学研究的新途径

地理学科是一门古老的学科，从郦道元所著《水经注》就有了对地理要素的描述，其发展已有逾千年的历史。科学发展进入实验阶段，从地理学的实验特征进行考证也有逾百年的历程。自 20 世纪 50 年代系统科学概念提出以来，地理学系统思想的提出也已接近半个世纪。如今复杂性科学的产生、大数据的出现、人工智能方法的拓展，有可能为破译复杂的地理系统提供新的途径。由于地理学是侧重区域差异研究的学科，不同区域研究的深度不同，地理学正在采用不同的方法论体系，如经验、实证、系统仿真的研究范式。学科发展的需要和社会需求对地理学提出了新的要求，地理学正在不断拓展新的方法。随着地理学方法的拓展，认识地理过程、理解地理机制的水平将会有很大的提高。

5.“新动因”提出地理学研究的新要求

地理学是一门尺度依赖的学科，不同尺度地理格局的表现方式和表现内容不同；不同尺度的地理过程时空特征和演化序列不同；不同尺度的地理格局、地理过程的驱动因子不同。一般而言，小尺度、简单的地理要素格局与过程研究以外动力作为驱动因子加以解释；大尺度、复杂的地理要素格局与过程研究以内动力和外动力耦合、外动力和人类活动耦合作为驱动因子加以解释；多尺度、复杂的地理系统格局与过程研究以内、外动力以及人类活动作为共同驱动因子加以解释。由此可以看出，地理机制的认识过程，应从要素的复杂程度、格局的尺度、过程的尺度和动力因子的耦合作用关系加以理解。

总而言之，“地理学的新时代”是有特定内涵的概念，是新技术环境、新数据支持、新方法探索、新动因分析的共同组合。

（三）新时代地理学的新特征

区域性、综合性是传统地理学的两个核心特征，同时，也是地理学区别于其他学科的本质特征。随着地球环境的变化，表现在陆地表层的状态也随之发生了新的演化规律，更加凸显出其复杂性的本质。与其他学科相比，地理“复杂性”已成为新时代地理学的核心特征之一。

1. 多要素的地理格局快速变化增添了区域性的新内涵

地理学研究核心任务之一是研究自然、人文要素在时间、空间的分异规律。针对区域研究的地理要素可以分为单要素、多要素和全要素。传统的地理区域格局研究的基本思路是利用多年观测数据的均值，刻画区域自然和人文要素的“稳态”特征，其理论假设是环境变化围绕中值波动。如：气候区划、植被区划、水文区划、土壤区划、灾害区划（Shen et al.，2018a、2018b）以及大量的人文要素区划等形成了对区域格局的整体认识。然而，大量研究事实表明，自然环境变化在特定的时间尺度上呈单调变化趋势；人类活动强迫自然环境变化同样呈单调变化趋势（图 2-1）；人类的生产、生活造成空间过程在一定时间尺度内也呈单调变化趋势。这一事实对传统区域差异划分的理论假设提出质疑，客观事实对地理区域研究提出了新的要求，即如何从变化的角度开展区域研究，这方面已有一些研究成果（史培军等，2014）。更进一步，已往的研究更多注重单一要素的区域格局，无法刻画区域内多种环境要素相互作用、相互依存的事实。因而，往往造成环境要素空间特征表达的本质冲突。更重要的是传统的地理区域研究忽视了环境要素相互作用的内在机制。新时代的地理区域研究应从多尺度、多要素角度开展研究，且应考虑区域环境的动态过程和演化机制的分异规律。

2. 多要素相互作用的地理综合研究需要新方法

综合性是地理学的学科未来。如果说区域性是地理学的本质特征，综合性则是地理学的存在与发展的重要标志。相对综合性而言，区域性的研究原则和认识方法相对容易，而综合性的研究直接影响着区域研究水平的提升和进步。纵观已有研究，可将综合性研究分为如下几个演化阶段：

阶段 1：针对特定自然和人文区域，对自然和人文要素进行区域内罗列，如：中国东北地区农业物产特征，包括大豆、玉米、水稻等。

阶段 2：基于 GIS 技术，将特定地理区域内环境要素进行空间叠加，对区域内环境要素进行空间定位，在一定程度上表达多要素在空间的叠加关系和综合特征。如：中国作物分布与气候的分区的叠加关系。由于缺乏要素相互作用关系的定量研究，机械叠加往往造成要素间存在空间错位，从而不能准确表达空间分布的本质特征。

阶段 3：考虑特定区域多个核心要素之间的相互作用，建立具有表达要素之间动力学联系的、反映区域要素特征内在本质联系的综合，如：生态—水文相互作用、土壤—水文相互作用。在国家自然科学基金项目的支持下，地理学者开展了黑河流域的生态—水文多要素间的集成研究，取得了大量成果（Song et al.，2017）。

阶段 4：基于复杂性的系统区域综合研究。基于系统思维、复杂性方法，对特定区域进行整体认识。时至今日，在地理系统的结构认识和复杂性方法探索方面还处于尝试阶段，然而，这是地理学最重要的努力方向。

地理学是一门研究时空分异与多尺度综合的学科，分异是基于地理异质性的客观事实，综合是表达特定时空尺度的地理要素和结构的有机联系。在处理相对异质与相对均质的地理现象时应顾及尺度的效应，在特定尺度条件下，通过尺度扩展理解异质与均质地理现象（Wang et al.，2016）。

3. 系统“复杂性”研究将成为地理学发展的新路径

复杂性是新时代地理学的新特征，它将深刻影响地理学的发展与走向。地理学复杂性集中体现在陆地表层系统的多个方面：① 巨系统：从点到区域，到国家，最后到全球；② 复杂系统：天、地、生、人都是陆地系统的范畴；③ 多尺度系统：研究尺度有城市、区域、全球；④ 组织结构复杂：有城市、城市边缘区、省区；⑤ 驱动的关系复杂：地理要素之间的驱动关系极其复杂，例如在陆地表层系统的有些区域尚不清楚水分、土壤和生态之间的驱动关系；⑥ 演化趋势具有强烈的不确定性：陆地表层系统中一个微小的变化可能改变系统的整体演化趋势，例如滑坡的发生等现象。诸如上述问题不胜枚举，传统地理学方法在解决类似问题时显得力不从心，系统“复杂性”研究方法的引入和创新，将从系统的角度解决地理学长期无法完美解决的地理区域综合问题。因而，我们期待着在认识地理“复杂性”的同时，通过对复杂性科学方法的探索，拓展地理学发展的新路径。

（1）新时代空间格局的“复杂性”

空间格局的复杂性体现在从传统的静态格局向动态格局转变，从要素格局向系统格局的转变（图 2-2）。传统地理学善于刻画区域的稳定状态格局，一般采用 30～50 年的观测数据通过平均值刻画区域的状态特征，所表达的格局特征是平均的、静态的。事实上无论是自然界还是人类社会均处在千变万化的动态中，尤其是工业化以来引发的全球环境变化加剧了这种动态的变化趋势，因此新时代地理学将从传统的静态格局进入动态格局的研究，更主要是通过“新技术 + 新方法 = 综合”，实现思维的转变。令人遗憾的是真正的综合集成研究尚面临着巨大的困境。

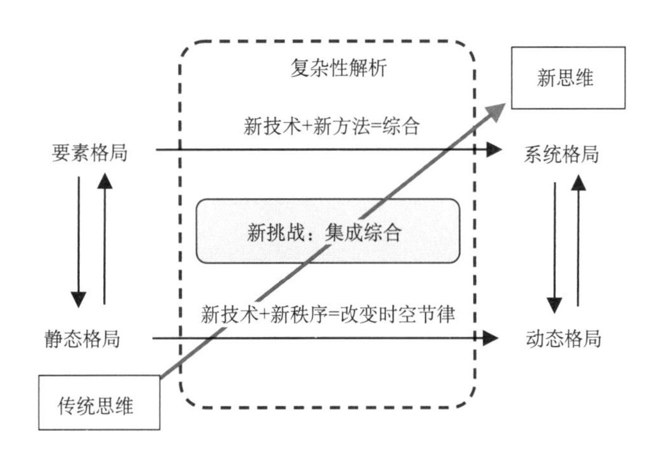

图 2-2　新时代空间格局“复杂性”思维的转变

（2）新时代时间过程的“复杂性”

地理现象的外在表现是多种内在因素相互作用的结果，随着时间和空间变化的格局构成了地理区域过程，同时，过程本身又是多种动因共同作用的结果，因而，从现象—过程—动因隐藏着众多的复杂性特征（图 2-3）。早期地理过程通过时间窗口表达时间过程。随着模型模拟技术的进步，科学家找到了动力学表达过程的方法，从而实现了用动力学方程表达连续的时空地理过程。然而，客观的地理世界并非完全是线性、可解析的，存在着大量动力学方法无法表达的不确定性变化、不连续突变、混沌的非线性过程。解译这些复杂地理过程，除了采用动力学方法、模拟仿真方法以外，还应该引进、吸收和创造复杂性科学方法表达复杂地理过程。

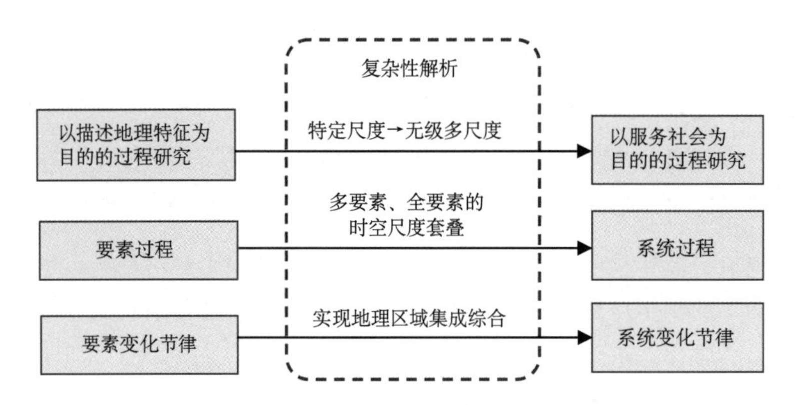

图 2-3 新时代时间过程“复杂性”思维的转变

（3）新时代时、空变化机制的“复杂性”

地理学复杂性不仅体现在地理格局和过程变化方面，同样体现在影响变化的机制方面。推动地理过程变化的驱动力有三类：① 自然驱动：由于地球本身内外变化，以及宇宙空间环境变化造成的对陆地表层系统的驱动。如：地壳运动导致的造山运动、火山喷发等地球内动力，日地环境变化导致的风、温、湿、压等变化的地球外动力。内、外动力共同构成了影响地理过程变化的自然动力源，驱动着陆地表层环境变化的周期、幅度和范围。② 人类活动驱动：由于人类生产、生活活动直接和间接的影响导致陆地表层系统的变化。如：人类对土地利用方式、强度、范围的改变等产生直接的影响。另外，由于人类对化石能源的开采和使用，造成大气成分改变，从而导致了地表热量的固有状态和分布格局的变化，间接影响着陆地表层系统各要素间的驱动关系。③ 人地叠加驱动：大量研究事实表明，陆地表层过程是由自然和人文驱动力共同作用的结果。工业革命以来，人类活动的强度日益增加，表现在陆地表层系统变化过程中，长尺度变化以自然驱动为主，而短尺度变化则以人类活动驱动为主。两种驱动力共同作用使地理过程变化的机制更加复杂，因而引发了陆地表层系统变化归因研究这一热点领域。

陆地表层系统中多个独立元素在相互作用过程中会产生叠加效应，即整体大于部分之和。从系统科学思路的研究出发，可以揭示叠加效应的多元特征，理解地理区域格局与过程变化规律的本质，从而丰富地理学解析格局和过程的方法体系。为此，针对不同尺度的地理现象研究应增加认识过程的新方法，如：对微观过程可采用线性的动力研究方法，对宏观过程可采用非线性的复杂性科学的研究方法。

由此可见，地理复杂性在陆地表层系统变化过程中的表现比比皆是，激发了我们从复杂、复杂性和复杂系统角度思考、理解和认识未来的地理学研究。

（四） 复杂地理系统

1. 复杂地理系统的认识论

如前所述，陆地表层是一个客观存在的复杂地理系统，具体表现在地理要素的时空复杂性、要素相互作用的复杂性和驱动机制的复杂性。一方面，在科学理念上“整体论”的思维方式为开展复杂问题研究奠定了思想基础；另一方面，学科方法论体系的不断完善为开展系统研究和复杂系统研究提供了可能，如：系统论、信息论、控制论、耗散结构理论、突变论、协同论等。地理学发展至今面临着综合研究难以突破的困境，如逆水行舟，不进则退，因而，无论从学科发展角度，还是从社会服务角度，都需要地理学建立“复杂性”研究的认识论体系。地理复杂性研究将成为引领地理学发展的重要路径之一。

2. 理解复杂系统

系统可以分为简单系统、复杂系统和随机系统（表 2-1）。简单系统的特点是要素比较少，要素组织层次比较清晰，可以用较少的变量加以描述。要素关系相对独立、可预见、可组织，通常可以用牛顿力学进行解析。复杂系统的要素间具有强烈耦合作用特征，但可理解、可调控、可用非线性的方法进行表达。对于随机系统而言，尚无法准确描述其时间、空间过程及动力作用关系，对地理学而言，尽管暂时无法解析随机系统的内部规律，但是，在一定程度上能够判定系统随机行为的存在。

表 2-1　简单系统、复杂系统与随机系统的对比

	简单系统	复杂系统	随机系统
组织结构	简单，要素特别少，用少数的变量描述	复杂，要素数目很多	元素和变量数很多
组织次序	次序清晰	次序不清晰	无次序
要素关系	要素独立运行，可预见、可组织	要素间有强烈耦合作用，可理解、可调控	要素间的耦合作用微弱，呈随机状态
研究方法	可以用牛顿力学解析	复杂性、非线性方法表达	统计的方法认识

复杂系统是具有非线性演化特征的系统。地理学研究的非线性对象可以是独立的地理要素，也可以是多个地理要素共同作用表现的非线性。基于复杂性研究的非线性主要是指不能用简单线性方程表达的变化，即存在着突变。复杂系统旨在刻画对象的整体变化行为，一般认为系统内部存在着独立运动的基本单元。系统通过学习、进化过程产生自适应行为，构成系统演化过程。

看似杂乱的复杂系统通过自组织行为，产生从无序变成有序、从有序变为无序的进化能力。相对于系统的自组织过程，同样存在着系统的他组织过程，当然也存在着无组织过程。打个比方：自由恋爱是自组织过程，父母包办是他组织过程，通过中间人介绍的自由恋爱，则是他组织转变为自组织过程。所以，自组织可以概括为无需外界特定指令而能自行组织、自行创生、自行演化，能够自主地从无序走向有序，形成具有结构系统的行为。他组织是不能自行组织、自行创生、自行演化，不能自主地从无序走向有序，必须通过外界推动力实现无序到有序的行为。一般而言，复杂系统研究以自组织思路开展，在很多地理现象中，地理系统是接受强迫之后发生变化，整体过程似乎是他组织，而内部结构变化似乎是自组织过程。

（五）复杂地理系统的核心问题与研究方法

借鉴复杂系统研究的特点和方法，从复杂地理系统的视角，应明确如下核心问题：① 通过自组织能力识别，判断具备成为复杂系统的条件；② 明确复杂系统演化的动力；③ 明确系统状态演化过程及其驱动机制；④ 复杂系统内部结构的演化过程。

随着复杂性科学研究的深入，科学家针对复杂系统研究发展了一系列的研究方法（图 2-4）。

耗散结构理论是判定复杂系统能否通过自组织行为从无序到有序发生的重要方法。耗散结构理论强调，远离平衡态的非线性开放系统，通过不断地与外界交换物质能量，在系统演变内部混合参量达到一定的阈值时，系统发生突变即非平衡相变的行为，由初始的混沌无序状态转变为一种在时间上、空间上或功能上的有序状态。

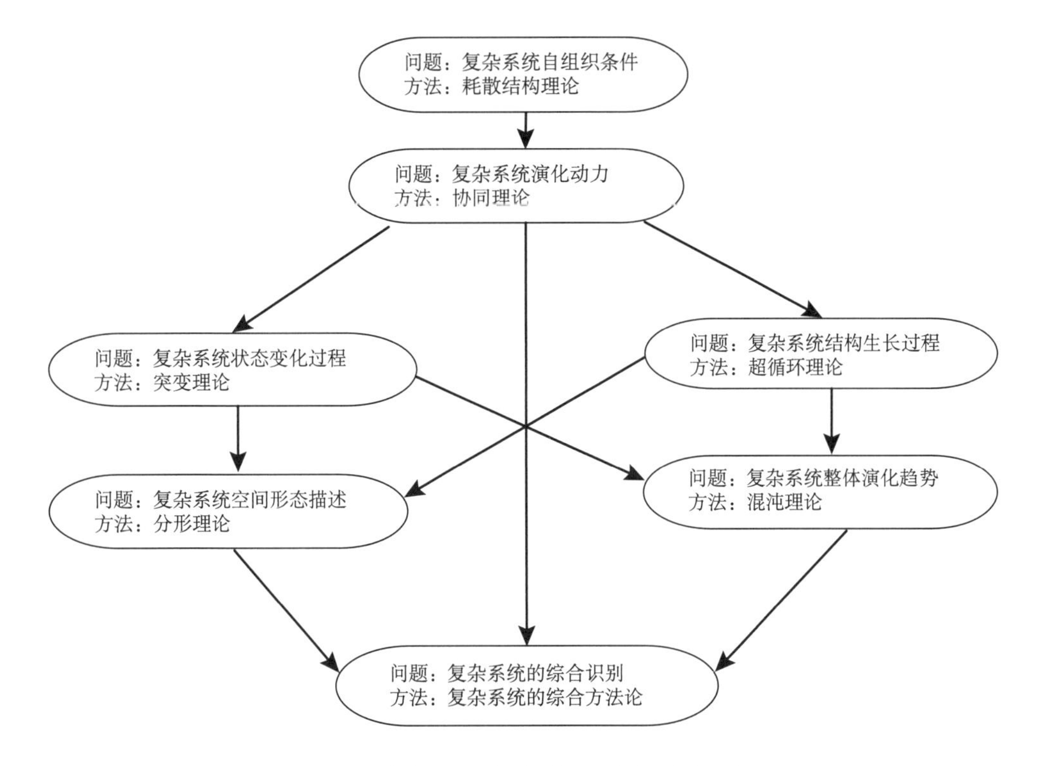

图 2-4　复杂地理系统的核心问题与研究方法

协同理论是刻画复杂系统演化动力过程的重要方法，探讨系统要素、单元和结构从无序到有序的动力过程。协同理论强调通过系统要素竞争，协同实现从无序、无主控要素和规则的过程，到有序、出现主控要素和规则的演化过程。这种主控要素和规则称为序参量，一个系统演化到一定阶段可以有一个序参量或多个序参量。微观研究用常规动力学的方法进行解释，但是宏观研究则是用复杂系统的方法进行解释。序参量的出现能破解子系统和系统要素的结构关系，同时，能够解释从无序到有序的支配关系。

突变理论是用形象而精确的数学模型刻画复杂系统连续性中断的质变过程的重要方法。突变也是系统非线性特征的一种体现，无论是简单系统还是复杂系统都可能产生突变。突变理论通常研究系统发生突变的条件、位置、路径及其出现的可能性即突变概率。同时，可以根据条件逼近探讨可能的突变路径。因此，突变理论具有研究复杂系统状态演化的功能。

超循环理论是探讨复杂系统多层次、多要素、多过程循环行为而造成系统的结构生长过程的重要方法。地貌的隆升—侵蚀循环过程是典型的超循环过程。超循环具有结构自我复制功能、系统自我复制功能、系统自适应功能、系统自进化功能。超循环使系统远离处于中值的平衡态，非线性特征也越来越强。当系统在临界点发生突变，系统又会进入一种新的平衡态。所以有序和无序是指对现有状态本身要素之间的关系衡量，不是一个状态和前一个状态的衡量。

分形理论是描述复杂系统空间形态的重要方法。分形是指系统某个层次的组织结构以某种方式与整体相似，例如：水系、海岸线。分形通过分维数度量空间对象的不规则程度和整体特征，例如，根据海岸线的分维数，可推算出不同测量尺度下海岸线的长度。

混沌理论是探索复杂系统整体演化趋势的重要方法。混沌现象产生于对初值敏感的复杂系统中，如果系统的初值稍有偏差，可能导致系统演化趋势发生很大的偏移。尽管系统演化趋势偏移会让系统显得很混乱，但混沌理论可以从中认识系统演化规律。混沌是非线性的、独立的、内在的过程，且具备固有的性质。混沌系统貌似随机，但是可被预测。大气科学中应用混沌理论通过不断修正既有状态，对天气现象进行长期预测，尽管还不是很精确。地理系统中存在诸多类似的现象，但是我们尚未学会应用这一理论解决复杂的地理学问题。

（六）地理学面临的新挑战

新时代，地理复杂性研究面临诸多挑战：

挑战 1：如何界定地理系统的复杂性？如何标定复杂的地理系统？在许多传统地

理学理论问题尚未解决的今天，研究复杂地理系统是一个巨大的挑战。

挑战 2：如何划分复杂地理系统的独立单元及单元的行为方式？复杂系统研究一般被认为是独立单元的相互作用过程。地理学应该选择网格化方法，还是将地理实体抽象为均质颗粒进行研究，这些方法究竟能表达怎样的地理事实？

挑战 3：如何界定复杂地理系统结构？是从陆地表层的自然和人文要素划分？还是从空间结构划分？抑或从地理功能单元划分？

挑战 4：在表征复杂系统的众多指标中，针对复杂的地理系统如何选取指标？选取的依据是什么？在科学上和社会实践中具有什么作用？新时代，为地理学提供新环境，对地理学提出新要求，学界同人理当拥戴伟大的地理学，充满信心，发挥地理学的时代光彩。

三、地理数据的特征、质量与功能

摘要：地理数据是开展地理实验研究的基础，地理方法是解决地理问题的核心途径。地理数据与地理方法构成了地理学研究的两大核心要素，它们是探讨地理过程、揭示地理规律、刻画地理机制的重要前提。从经典地理学研究和新技术支持下地理学研究的数据基础出发，解析地理数据的特点、理解地理数据的质量，进而认识地理数据在解决不同地理问题的过程中的功能。

关键词：地理数据；质量；功能

地理学是科学大家族中最古老的学科之一，以地理现象记述作为地理研究的开端可以追溯到千年以前，如《水经注》一书中记载的自然现象包括大小河流 1 252 条，湖泊、沼泽 500 余处，泉水和井等地下水近 300 处，伏流 30 余处，瀑布 60 多处，各种地貌包括山、岳、峰、岭、坂、冈、丘、阜、崮、障、矶、原等，川、野、沃野、平川、平原、原隰等，仅山岳、丘阜地名就有近 2 000 处，喀斯特地貌方面记载的洞穴达 70 余处，植物地理方面记载的植物品种多达 140 余种，动物地理方面记载的动物种类超过 100 种。记载的人文现象中，县级城市和其他城邑共 2 800 座，古都 180 座；交通地理包括水运和陆路交通，其中仅桥梁就记有 100 座左右，津渡也近 100 处；经济地理方面有大量农田水利资料，记载的农田水利工程名称就有坡湖、堤、塘、堰、堨、塆、坨、水门、石逗等。《水经注》作为一部优秀地理著作，以描述的手法记载了大量地理现象，阐述了地理现象的要素结构、分布特征和空间上的变化特征。但是，它尚未构建学科的理论、方法和技术体系，因而无法从地理科学的视角评价它。科学的发展与学科体系的建立是以现代自然科学的诞生和发展为标志。自西方文艺复兴以来，自然科学的研究日益受到人们的广泛重视，以牛顿力学体系的建立为标志，自然科学进入了一个辉煌的发展时期。由于法国学者皮埃尔·伽森狄（Pierre Gassendi）等人的努力，德谟克利特（Democritus）等人的原子论在17世纪得以复活。然而，此时原子论者感兴趣的问题已经不是设想物质如何组成世界，而是如何在原子论的基础上建立起物理学和化学的基本理论。

从文艺复兴到19世纪上半叶，经典实验科学获得巨大的发展。威廉·哈维（William Harvey）的血液循环学说、伽利略（Galileo）的物理学和动力学、艾萨克·牛顿（Isaac Newton）的经典力学以及之后的热力学、电学、化学、生物学、地质学等等，都是实验科学的典范。20世纪以来，由于现代科学的高度综合性，数学工具和理论思维起着越来越重要的作用，但观察、实验仍然是自然科学发展的基础。实验科学的本质是通过实验的设计，创造能够表达研究对象特征的实验数据，并通过数据的分析进而理解事物本身的运动规律。

当今科学发展进入数据时代，数据在科学研究、社会管理、全民教育和国家安全等方面都显现出越来越重要的作用。对于科学研究，一方面传统学科需要更加强大、高质量的数据支撑；另一方面，新兴学科开启了诸多复杂问题研究，需要更加多元的数据辅助。地理学作为一门传统经典学科，需要通过大量实验的小数据，认识陆地表层系统各要素的运动规律。同时，地理学又是一门引领时代的新兴学科，也需要多源的大数据，实现地理学从科学研究到社会决策的跨越。

（一） 陆地表层系统与地理研究的释义

从地理科学的角度来看，人地系统的解析离不开五大系统：地球系统、地球表层系统、陆地表层系统、个体系统和智能系统（图3-1）。地球系统关注地球行星的圈层相互作用。地球表层系统（简称地表系统）关注地球表层状态、过程和行为，尤其聚焦海陆相互作用过程。陆地表层系统（简称陆表系统）关注陆地表层系统及其各要素的状态、过程和机制，这个系统复杂，包含了自然和人类行为的相互作用过程，是地理学家研究的核心对象。个体系统是地表学所关注的基本单元，是以结构为核心构建的独立完整的个体单元，如植物个体、小流域等。智能系统是以思维过程为核心的脑系统，地理学在未来的研究中必须不断引入人工智能，了解思维过程且不断利用人脑的复杂思维模式，构建人工智能合理的运算方式，并应用于陆地表层系统研究中。

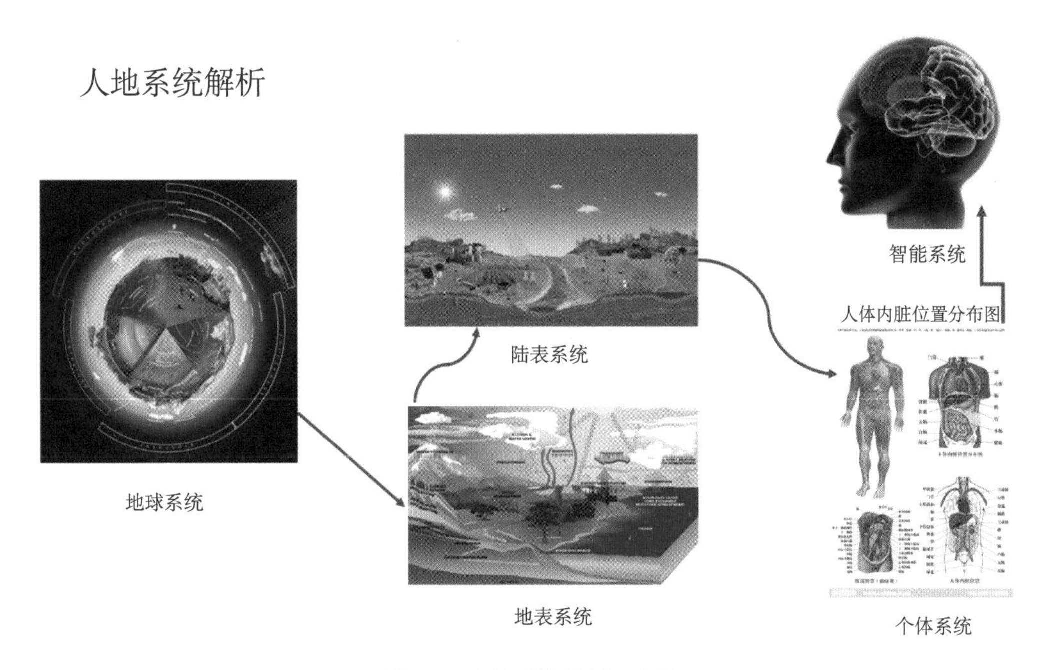

图 3-1 人地系统解析示意图

地理研究的核心是一堆数据、一套方法和一些问题构成的有机体系（图 3-2）。

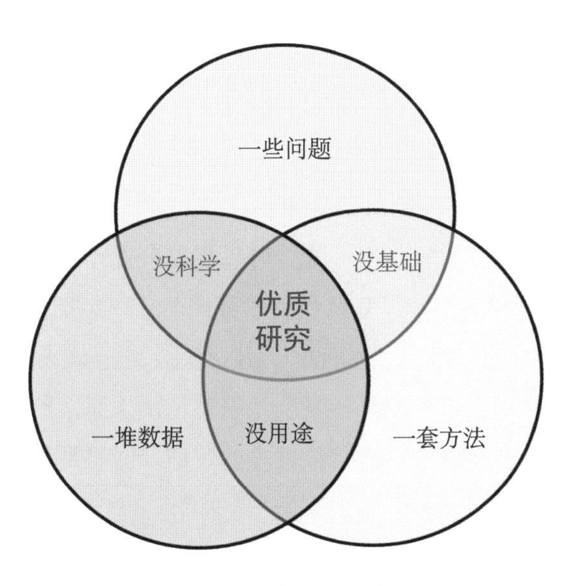

图 3-2 地理研究三元要素示意图

扎实的数据是研究的基础，科学的方法是研究的核心，恰当的问题是研究的驱动。只有问题和数据而没有方法的研究缺乏科学性，难以发现问题的本质。只有问题和方法而没有数据的研究如同空中楼阁，缺乏科学的基础。只有数据和方法而缺少恰当的问题支撑的研究，难以推动科学的进步和满足实际需求。高质量的科学研究，即是数据、方法和问题的有机结合。

（二）地理数据在地理学研究体系中的重要作用

地理学以陆地表层系统中的自然、人文要素和地域系统为研究对象，进行分布格局、变化过程和驱动机制的研究。以规律为研究目标的地理学是一门基础学科，但地理学与人类的生产、生活联系极其密切，所提供的知识体系可以直接服务于生态环境建设、区域规划等方面，因而，以地理学为基础诞生了一些应用学科方向。

学科是人类知识体系的基本单元，同时，学科都有其固有的特征。经典地理学有两个基础特性，即区域性和综合性。大量的理论研究和实践工作使地理学的区域性得以不断地完善，形成了一批高质量成果印证了地理学区域性的独特魅力。地理学在从事区域研究的同时，发现任何一个区域，不论大小都是由多种自然和人文要素构成的复杂系统，因而，地理学具有其第二个特性，即综合性。事实上，地理学存在第三个特性，即复杂性。回顾往昔，我们很少看到地理学在综合研究中取得的重要理论和实践成果。究其原因，可以认为是多年来科学界针对陆地表层系统的复杂性尚未提供一套科学的综合方法，以及我们缺少对陆地表层系统的理性认识。诚然，复杂无处不在，其他学科同样存在不同程度的复杂性，是否可以将复杂性理解为多数学科所具有的共同特点呢？非也！20 世纪后半叶，复杂性科学开始萌芽，经历了近半个世纪的发展，初步形成针对复杂对象的复杂性科学方法，为以复杂系统为对象的研究提供了方法论基础。地理学关注的陆地表层系统具备复杂系统特征，因而，地理学科的复杂性是针对其研究对象而言，是对地理学研究对象性质的表征，而不是指从事地理研究过程多种方法应用的融合。

与其他学科一样，地理学承载着知识创造、人才培养和社会服务三项任务。作为一门独立的学科，知识创造是认识陆地表层系统的变化规律，形成地理学的基本概念、理论、方法和技术体系，这是地理学存在的重要意义。地理学通过不断完善的知识体系培养具有社会需求的人才，进而利用地理学的知识完成社会服务的任务（图 3-3）。

地理学作为学科，具有其独立的学科问题。总体而言，地理学学科问题分为地理现象的空间格局问题、时空变化过程问题和驱动机制问题。针对不同的社会实践需求，地理学需要解决不同复杂程度的系统问题、不同尺度的区域问题和不同陆地表层要素的相互作用问题。由此可见，地理学既是一门基础学科，同时也是解决大量社会实践问题的应用学科。

与其他学科相比，地理学具有完备的技术体系。到目前为止，地理学有三门独特技术（图 3-3），即 RS、GIS 和 GPS。对地理学而言，RS 的主要功能是生产数据，GPS 是定位数据，GIS 是组织、管理和分析数据。针对地理学数据，地理学采用线性、非线性、复杂性和人工智能的方法加以分析，从而深入地理解现实的客观世界。由此可见，地理数据是地理研究的关键，科学的研究结论出于数据推演，科学的方法依赖数据证实，科学的理论依靠数据验证。

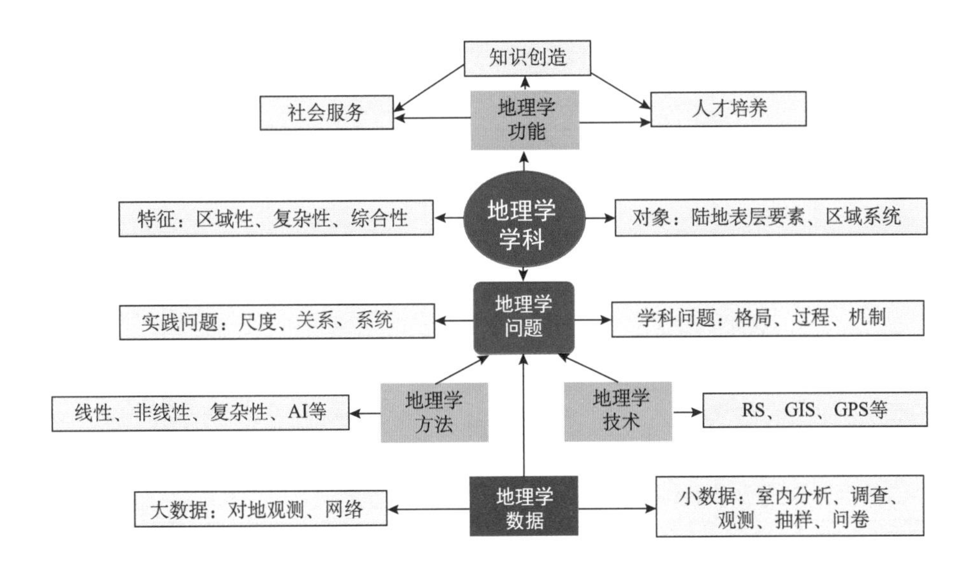

图 3-3　地理学科结构示意图

（三）地理数据的特征

从地理学研究的实践中发现，地理数据可以划分为针对自然要素研究的自然数据、针对人文要素研究的人文数据、针对综合地理现象的自然和人文数据。由于数据反映的地理现象不同，其数据类型、获取方式、稀稠程度，及其与地理现象联系的紧密程度也有所不同（表 3-1）。

自然数据：包括野外调查、原位观测、室内测试、模拟实验数据类型。数据获取方式一般采用样点和样带调查、定位和半定位观测、采集样品的室内分析以及控制实验。这类数据由于受时间、空间和费用的限制，数据整体时空覆盖度有限，属于小数据类型，其最大的优点在于它能直接反映研究对象的本质特征。

人文数据：通过社会调查、社会统计、文本加工以及网络生成获取。数据获取方式一般采用问卷和抽样调查、部门统计、模型提取、网络提取。其中，社会调查和统计数据的时空密度相对较小，而文本加工和网络生成数据的密度相对较大。从地理学研究的需求出发，这类数据对地理学研究整体具有间接指示能力。

表 3-1　地理数据特征

<table>
<tr><th></th><th>数据类型</th><th>获取方式</th><th>稀稠程度</th><th>紧密程度</th><th>概念类型</th></tr>
<tr><td rowspan="4">自然数据</td><td>野外调查数据</td><td>样点+样带调查</td><td>稀疏</td><td>直接</td><td rowspan="6">小数据</td></tr>
<tr><td>原位观测数据</td><td>定位+半定位</td><td>稠密+稀疏</td><td>直接</td></tr>
<tr><td>室内测试数据</td><td>样品测试</td><td>稠密+稀疏</td><td>直接</td></tr>
<tr><td>模拟实验数据</td><td>控制实验</td><td>稠密</td><td>间接</td></tr>
<tr><td rowspan="4">人文数据</td><td>社会调查数据</td><td>问卷+抽样</td><td>稀疏</td><td>直接</td></tr>
<tr><td>社会统计数据</td><td>部门统计</td><td>稀疏</td><td>间接</td></tr>
<tr><td>文本加工数据</td><td>模型提取</td><td>稠密</td><td>直接+间接</td><td rowspan="5">大数据</td></tr>
<tr><td>网络生成数据</td><td>网络提取</td><td>稠密</td><td>间接</td></tr>
<tr><td rowspan="3">自然和人文数据</td><td>对地观测数据</td><td>遥感反演</td><td>稠密</td><td>间接</td></tr>
<tr><td>模型模拟数据</td><td>模型加工</td><td>稠密</td><td>间接</td></tr>
<tr><td>物联网数据</td><td>物联网监测</td><td>稠密</td><td>直接</td></tr>
</table>

自然和人文数据：随着地理学科发展的不断深化，获取数据的能力不断加强，从数据获取类型来看，由于对地观测、模型模拟和物联网观测手段的大量运用，因而能够更好地获取自然和人文数据，逐渐形成数据再生产的能力。这类数据时空密度大，已成为现代地理学重要的数据来源。但是，与传统数据相比，这类数据的指示能力尚需进一步挖掘。

科学研究进入大数据时代，大数据以其固有的特征成为不可或缺的研究资源，但也必须认识到大数据的局限性。大数据具有量大的优势，但是，大多情况下间接指征地理现象；大数据更新快，但是，相对精度不尽如人意；大数据能够建立地理要素数量关系，但是，很难阐释其因果关系。大数据时代为地理学研究打开了一扇理解地理学的新大门，需要我们科学地利用这一数据资源，补足以往小数据无法解决的科学问题。

小数据是相对大数据而言，却与大数据存在着本质的区别。小数据是根据地理研究对象的本质特征研制特有的技术和方法，采集的能够表征地理对象本质的量化数据。与大数据相比，小数据对地理对象表达更直接、数据的精度更可控、数据类型间的逻辑关系更清晰、对地理现象的变化的因果关系阐述更有说服力。因而，小数据一直以来都是弥足珍贵的研究资源。

（四）地理数据的质量评定

不同的数据解决不同的地理问题，不同质量的数据对解决地理问题的贡献不同。相反，针对不同的地理问题需要的数据不同，对数据质量的要求也有所差异，从而对数据质量的判别标准也有所差异。在此，以解决地理简单到复杂问题的序列，提出地理数据的三维标准：数据种类、数据精度、数据密度，通过三维坐标系生成八类数据质量集合（图 3-4）。

在此所说的数据种类指针对不同地理要素的测量结果，如水文、土壤、植被、气象气候、政治、经济、文化、历史等地理要素的数据。数据种类多能够提供研究对象的综合特征，数据种类少只能完成地理特征要素的研究。因而，地理数据种类决定地理学研究的复杂程度。数据质量指数据采集过程由于分析人员和分析仪器所造成的误差，如大量的遥感产品或多或少存在不同程度的误差，不同的测年技术的误差给地理学时间序列确定造成一定的局限。误差大小决定开展地理研究的时间、空间的精细化程度。数据误差大，只能开展宏观的区域研究和大尺度时间序列研究；数据误差小，可以开展区域精细化时空过程研究。数据密度指单位时间或空间数据的多少，它决定开展地理学研究的时空粒度大小和捕捉地理过程变化不同频率信号的能力。数据密度高能帮助我们理解频繁变化的高频信息，识别小空间、短周期变化；数据密度低，只能展现地理过程的大空间、长周期变化。正确理解数据质量是科学利用地理数据的前提。

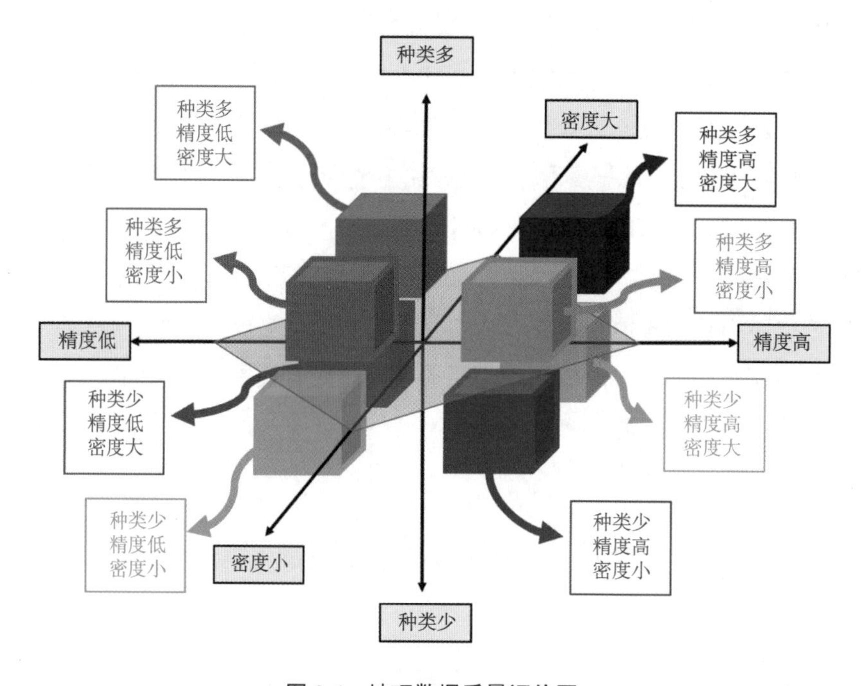

图 3-4　地理数据质量评价图

（五）地理数据解决地理学科问题的功能

总体而言，地理问题可分为地理格局、地理过程和驱动机制三类，在实际研究中可以开展点、面的研究，亦可从时间序列和空间序列进行规律性的探索。一方面，不同的地理数据类型和质量水平具有不同的解决地理问题的能力。由图 3-5 可以发现，将地理数据从种类、精度、密度三个维度分为优（左半部分）和劣（右半部分），不同质量的数据组合，对解决地理问题的功能存在显著差异，具体表现为八类地理问题组合。另一方面，由于数据质量的组合特征决定了解决问题的深度有所不同，一部分数据组合形成高质量的数据体系，可以从要素和系统、时间和空间、点和面多个维度解析地理格局、过程和机制问题，如①②③⑤；另一部分数据组合质量较差的数据体系，只能粗略地了解和认识地理问题表面现象，如④⑥⑦⑧。以第①组合为例，数据种类多、精度高、密度大，这种数据体系为优中之优，通过数据筛选和优化可以深入解析地理格局、过程和机制问题，也可以解析地理要素和地理系统问题，同时可以解析时间序列和空间序列问题，更可以解析点和面上的问题。以第⑧组合为例，数据种类少、精度低、密度小，这种数据体系为劣中之劣，导致了解决的地理问题比较肤浅和局限，只是对地理单要素的、时间或者空间的、点的地理格局基本特征进行了解。

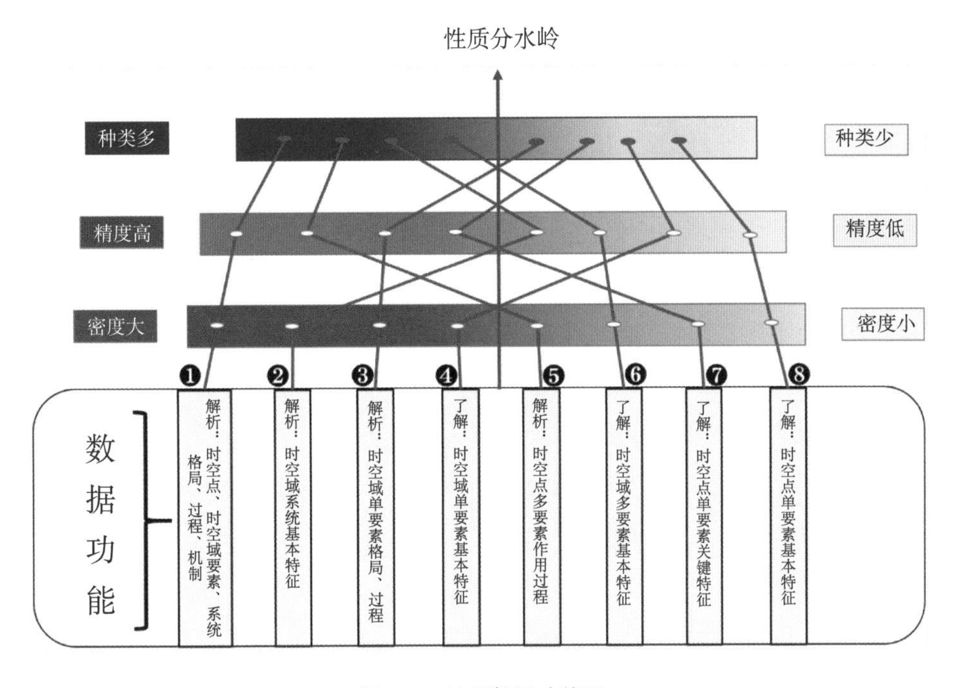

图 3-5 地理数据功能图

由此可见，地理数据质量，决定了对地理问题的解决能力，深入理解地理数据是开展高质量地理研究的基础。

社会发展进入了数据时代，科学在现代物联网、移动互联网、云计算、人工智能等先进技术推动下不断进化，地理学在研究理念、研究方法、支撑技术等方面悄然地发生本质性变革，因而，需要更多睿智的科学研究者顺应时代潮流，主动迎接变革，创造地理学的新篇章。

地理数据从短缺到冗余，由小数据和大数据构建相对完备的数据体系。当今科学研究的任务一方面是创造数据，夯实地理学研究的基础，更重要的是认识数据特征、把握数据质量、理解数据功能。根据科学与实践研究的需要优化数据体系，才有可能更好、更快地产出高质量的科研成果，而且是适应时代需要的科学研究成果。

地理方法从简单到复杂，由动力学方法、统计学方法、复杂性方法和人工智能方法构成了相对完备的方法体系。传统动力学的理想模式思维不断得以完善，使其不断增加表达地理过程的能力；经典的统计学的黑箱思维模式不断进化，使其不断增强揭示地理过程的本质的能力；复杂性方法的产生和日趋完善，丰富了破解地理综合的新途径；人工智能的全面应用，为利用有限先验知识解决复杂地理问题找到新的突破口。

地理技术从独立应用到系统关联，当今时代是以技术推动科学进步的时代，技术的贡献在科学研究的全过程都有所体现。传统的数据采集受经费、人员的限制无法满足科学研究的需求，今天的物联网技术为地理学研究提供更加丰富的高时空密度的数据资源，奠定了开展地理综合研究的基础。随着数据资源的不断丰富，大数据给地理学提出了模型模拟的路径还原和数据驱动的路径选择的挑战；人工智能技术的全面应用，对于是否要理解地理过程、机理提出严峻挑战。

地理对象从要素到系统。地理学的研究对象是陆地表层的自然和人文要素，以及由多个要素构成的不同尺度的区域系统。在以往的研究中，更多地注意单要素的格局、过程和机制研究，并建立了一系列的方法和技术体系，相对来讲，缺少从系统角度开展的多要素相互作用研究，即区域系统的研究，其主要原因是缺少方法的支撑。当今地理学研究更加需要关注系统研究，同时叠加时间、空间、尺度等因素，形成多要素、多过程、多尺度的集成研究。

地理目标从科学到决策。地理学面临三大任务，即地理科学研究、地理人才培养、地理社会服务。其中，科学研究与人才培养的通道早已解决，如何贡献地理学高质量的社会服务一直是地理学者面临的重要难点问题。当今的诸多社会问题一般具有综合性与复杂性，地理学已经开始运用复杂系统思维，采用耦合解析与综合集成的方法开展科学与实践研究，从而架起了科学与决策之间更加通畅的桥梁，随着地理学的不断进步与完善，地理学在社会发展与人才培养方面将发挥越来越重要的作用。

四、地理大数据为地理复杂性研究提供新机遇

摘要：大数据之风自2010年席卷全球，已在科学、工程和社会等领域产生深远影响。首先，从地理大数据、第四范式以及非线性复杂地理系统三组基本概念出发，剖析上述三组概念之间的科学联系与相互支撑作用，提出大数据和第四范式为地理复杂性研究提供新机遇。其后，探讨如何利用大数据和复杂性科学的理论方法开展地理复杂性研究。基于地理大数据，可以通过统计物理学的系列指标描述现实地理世界的复杂非线性特征，同时，还可利用深度学习、复杂网络、多智能体等方法，实现复杂非线性地理系统的推演和模拟。上述方法对认知地理现象和过程的复杂性，对复杂地理系统的分析、模拟、反演与预测有重要作用。最后，提出地理大数据和复杂性科学相互支撑可能成为21世纪地理学的主流科学方法的结论。

关键词：地理大数据；第四范式；非线性；地理复杂性

自2010年以来，大数据之风以迅雷不及掩耳之势席卷全球。大数据已成为继云计算、物联网之后新一轮的技术变革热潮。过去八年，科学、工程和社会等领域分别围绕手机信令、社交媒体、智能刷卡、搜索引擎等数据开展了很多应用研究，上述数据多与空间位置相关，推动了地理大数据商业应用的发展。在过去一轮竞争和热炒中，收益最大的是拥有数据的单位。他们一边拥有宝贵的数据资源，一边研发着具有潜力的大众应用，赚得个“钵满瓢盈”。而多数从事地理大数据研究的科研工作者不得不依附于数据拥有单位，只能从数据企业获得有限的数据资源开展研究。运气好的做出

不错的成果，很快被企业付诸实践；运气差的则一边接受来自统计领域“样本偏性和误差”（Wang et al.，2012）的质疑，一边也在思考，甚至怀疑地理大数据分析的科学意义。因此，国内外反思大数据的文章不断出现。吴志峰等提出了地理学碰上“大数据”的热反应与冷思考（吴志峰等，2015）。2014年4月，《纽约时报》发表题为“大数据带来的八个（不，是九个）问题”的文章。同样，英国重量级报刊《财经时报》也刊发了“大数据：我们正在犯大错误吗？”的文章。在过去一轮的大数据热潮中，大数据的价值是否被夸大？大数据背后是否还有其他温润的科学价值？此类问题值得地理学研究工作者深思。

在大数据热炒之前，国内外曾掀起过一场继相对论和量子力学之后的科技革命——复杂性科学（Science of Complexity）。复杂性科学起源于20世纪80年代，是一门研究复杂性和复杂系统的前沿交叉科学，它打破了线性、均衡、简单、还原的传统范式，致力于研究非线性、非均衡和复杂系统带来的种种新问题。复杂性科学目前仍处于初级阶段，但已被霍金、成思危等科学家誉为“21世纪的主流科学”。地理系统是一个典型的、开放的复杂巨系统（钱学森等，1990）。地理复杂性逐步受到学者的关注，并成为地理学研究的重要特性。杨国安等思考了人地系统的复杂性（杨国安和甘国辉，2002），李双成等提出了复杂性科学视角下的地理学研究范式和生态系统服务研究范式（李双成等，2010；李双成等，2011），高江波等总结了LUCC研究中的实证主义范式、科学人文主义范式、结构功能主义范式以及复杂性范式（高江波和蔡运龙，2011），但这些研究都极少涉及地理大数据的相关概念。

复杂性科学与地理大数据之间是否存在潜在的联系？马振刚等简单提及了大数据可以为地理复杂性问题提供解决方案（马振刚等，2015），但尚未进行深度剖析。宋长青认为地理大数据科学范式有望为短时间尺度地理事件发生的监测和预测提供有力的科学和技术支持（宋长青，2016），但尚未涉及复杂性的相关概念。本文从大数据、科学研究的第四范式以及复杂地理系统等概念出发，剖析上述概念间的相互支撑关系，结合复杂性分析方法和地理大数据实例，从非线性、复杂性的视角介绍地理现象或地理系统的复杂性及其应用，对地理大数据的研究本质提出一种新的解读，以期抛砖引玉，吸引更多的学者研究讨论。

（一）重要概念的范畴与约定

“大数据”除具有规模性（Volume）、多样性（Varity）、高速性（Velocity）和价值性（Value）的“4V”特征外，至今尚无统一定义。我们讨论的地理大数据是指通过各类传感器、物联网、连接用户与设备的网络，可自动实时获取，并且持续更新的、具有地理位置信息的长时间序列数据。地理大数据包括由社交网络、公交刷卡、GPS定位、智能手机获取的用户位置数据（甄峰等，2014），基于无线传感器网络技术等收集的地面台站观测数据（马振刚等，2015），对地观测的遥感数据，甚至还包括某些组织或个人收集的长时间序列的专题数据库，例如，GDELT（https://www.gdeltproject.org）、Lexis（https://www.lexisnexis.com）等新闻媒体数据库，CBDB（https://projects.iq.harvard.edu/chinesecbdb/cbdb-api）等历史人物传记数据库，EMDAT（https://www.emdat.be）等自然灾害数据库（Shen et al.，2018）。

至今对第四范式的解读不少见，但是我们仅从地理复杂性的角度，解读第四范式和地理大数据。视角不同对第四范式和地理大数据的理解可能存在差异，因此不排斥其他视角的解读。

（二）地理大数据与地理学研究范式

本部分以宋长青（2016）和吉姆·格雷（Jim Gray，2009）的范式为蓝本，融入了复杂性科学、地理科学、社会科学的相关背景和概念，形成了地理学研究的四个范式，旨在厘清地理大数据与复杂性研究的关系，突出数据密集型地学发现对地理复杂性研究的重要性。

1. 地理学研究的范式

第一范式：地理经验范式。从脱离动物界进入文明时期，人类就开始用经验范式认识自然和社会。地理经验研究的假设是：地理空间不重复，即地理空间具有绝对的差异性和相对的近似性。研究目标是定义区划指标，刻画区域类型和区域差异；研究数据的特点是对地理现象的定性、定量记录和描述；研究方法是通过调查、测量和制图，建立地带性规律，形成地理区划。地理经验范式的缺点是受到认知能力和实验条件的限制，难以对地理现象进行更精准的理解。

第二范式：地理实证范式。17～19世纪末经典物理学的盛行，带动了地理实证研究的发展。地理实证研究的假设是：在封闭有边界系统中，地理要素演化遵守物质和能量守恒定律。研究目的是刻画格局与过程的联系，探求其动力学方程；数据特点是根据科学问题，通过采样获得精确的小数据；研究方法是基于还原论的思想，通过实验、统计，对地理学各要素进行动力建模；典型案例是计量地理学的相关研究。地理实证研究在一定程度上理解了大尺度的地理现象的动力过程；但是以还原论、经典牛顿力学理论为基础，受到了系统科学、非线性复杂系统的冲击挑战。

第三范式：地理系统仿真范式。该范式产生的时代背景是20世纪中叶计算机的产生，随后对科学实验进行模拟仿真的模式得到迅速普及。地理仿真研究的假设是：地理要素共存于同一个系统中，地理要素相互依存、协同演化。研究目的是刻画地理类型区和地域综合体多要素协同演化规律；数据特点是根据科学问题，获得种类丰富的地理数据；采用的方法主要是计算机仿真模拟，在自然地理中常采用自上而下的模型进行模拟，例如天气预报；在人地关系研究中常采用系统科学自下而上的方式模拟系统预测未来。地理仿真研究可以推演出越来越多的未知自然现象或人文现象。计算机虽然能够对部分自然系统进行精确的仿真，但难以模拟人地关系本身的复杂性。主要原因为：① 虽然目前空间随机过程仿真取得了较好效果，但是地理现象中常见的非齐次泊松过程仿真效果尚不理想（Sullivan and Perry，2013）；② 仿真仅依赖于人类对系统推演规则的简单总结，缺乏对复杂现实世界的非线性认识及相关参数的获取；③ 由于缺少大数据案例修正仿真的参数和推演规则，此阶段的仿真结果总显得有些苍白。

第四范式：数据密集型地学发现。该范式产生的时代背景是21世纪初大数据时代的到来。第四范式的研究假设是：地理要素存在于一个开放的复杂地理系统中，要素相互依存、协同演化；研究目的是揭示现实世界中地理现象发生本质，监测和预测地理事件的发生和发展；数据特点是通过通信技术、互联网技术、物联网技术自动获取的实时、并持续更新具有地理位置信息的大数据。研究方法是以数据驱动的复杂性科学方法，既可以基于地理大数据用幂律、分形、混沌等方法认识复杂现实世界的非线性特征参数，例如，地震的幂律与分形，水文序列在时间序列上的分形（长程记忆性）；也可以基于地理大数据用深度学习、复杂网络、多智能体等方法，生成现实世界的复杂非线性推演规则，例如，疾病在复杂人群网络中的传播与演化等。第四范式改变传统封闭系统的假设，转向数据驱动的研究，因此可能会得出一些之前没有认识到的复杂现象或理论。但是地理学中数据驱动的复杂性分析还有很长的路要走，主要原因为：① 复杂性科学的哲学思维还不够普及，且缺乏既懂地学又懂复杂性科学的人才去深入、系统地研究地学问题；② 虽然大数据可以提供大量训练样本修正仿真的参数和推演规则，但是在地学领域仍需积累相关大数据案例；③ 大数据案例与深度学习方法的结合能解决什么层次的科学问题也待探索。

近期，泽蒙曼（Zimmermann）等基于历史大数据总结了火焰系统混沌特征，再用机器学习推演混沌火焰系统在未来八个李雅普诺夫时间内的演化过程（Zimmermann and Parlitz，2018）。这充分证明了大数据驱动的第四范式和非线性复杂性科学对传统第三范式（计算机仿真）的推动作用。

2. 第四范式与其他范式的关系

上述四种范式是人类认识自然（社会）现象的历史演化过程，不是逐渐替代的过程；它们都是我们认识世界、进行地学研究的有效方式。四种范式从对立逐渐走向融合，逐步弥补各自缺陷，并在认识论、方法论上逐渐形成“通宏洞微”的连续谱。地理实证研究的本质缺陷是用小数据来证明逻辑，即用简单的数量关系来应对复杂的自然或社会问题，用小数据、小样本来简单外推数据空缺区间的地理时空变化特征，由于统计回归的内生性问题和数据上无法匹配，有时会导致逻辑上无法自恰；而大数据的优势就在于用数据来发现逻辑。大数据分析技术的进步，也会促进第一、第二范式的发展，海量数据的规模效应和全新特征使得定性研究和定量研究在资料获取和分析方法上互补。近年来情报学领域的知识图谱研究（Shen et al.，2018）证明了这种融合的可行性以及带来的惊人效果。

第三、第四范式在成果上都表现为对未知趋势的推演和预测，但第四范式更注重现实世界复杂非线性特征的刻画。第三、第四范式的具体区别如表 4-1 所示。可见，第四范式在数据归纳、逻辑（理论）发现以及非线性建模等方面弥补了第三范式的缺陷。

表 4-1 第三、第四范式的区别

	第三范式	第四范式
研究对象	仿真是基于系统的数学建模	面向海量数据的知识发现
推理逻辑	仿真是依据模型演绎得出结果	依据大数据归纳得出数学模型
自动化程度	只有仿真实验是计算自动完成	从数据获取、建模到分析预测，都是计算机自动进行
解释力度	仿真基于假设的建模，为理论解释奠定了坚实基础	缺乏假设的理论基础，解释力较低
基础设施	仿真可能涉及一台或多台计算机	大数据涉及更多基础设施，包括自动获取数据的各类传感器、连接用户、物联网与电脑的网络设施

（三）复杂性科学的相关概念

复杂性科学早期主要集中在概念和哲学理解阶段。近年来，随着物理学领域对复杂现象研究的深入，“新三论”（耗散结构论、协同学、突变论）（周成虎，1999）为解决复杂性问题提供了新的方法和思路，促进了全新自然观和方法论的发展。

1. 复杂性的特征概念与范畴

复杂性至今没有公认的定义。基于作者对国内外复杂性相关研究的理解，总结传统动力学系统（简单系统）与复杂系统的区别（表 4-2），可以帮助理解复杂性的相关概念。

表 4-2 传统动力学系统与复杂系统的对比

	传统动力学系统（简单系统）	复杂系统
系统特点	机械的、没有进化功能的系统	有生命周期、可以进化的系统，会出现涌现现象
研究案例	机械结构，理想气体	细胞、生物、大脑、社会、城市、生态
可预测性	可预测的。已知初始值，通过方程表征其趋势规律，可预测系统未来时刻的状态。例如钟表宇宙理论	更侧重研究系统的不确定性。例如系统的测不准特性，系统的初值敏感、不可预测性等
研究方法	经典牛顿力学	复杂性科学方法
数学/哲学思维	线性，可还原	非线性，不可还原

续表

	传统动力学系统（简单系统）	复杂系统
能量守恒定律	封闭系统，遵守	开放系统，不遵守
时间之矢	过程可逆	过程不可逆
统计分布	正态、泊松、指数	幂律、Zipf、Pareto、Gamma

这里重点介绍复杂性研究的非线性和不确定性两个重要特征。

（1）非线性：地理实证研究沿袭的是经典牛顿力学的“还原论”，即高层的、复杂的现象可以被清晰地分解为可重组的简单粒子或部分。地理学常将陆地表层系统拆分为水、土、气、生、人分别开展研究。还原论是迄今为止自然科学研究最基本的方法，人们习惯于以静止、孤立的观点考察组成系统诸要素的行为和性质，再将这些性质“组装”起来形成对整个系统的描述。随着科学研究的不断深入，科学家认识到系统中不同要素在相互作用过程中会产生新的效益，即整体大于部分之和。因此，对于复杂地理系统，将系统各要素简单叠加的做法是受限的。这里的线性指的是线性系统，即整体是各部分的线性叠加；而非线性则指整体不再简单地等于各部分之和，可能出现不同于“线性叠加”的增益或亏损。正是由于意识到系统存在“线性叠加”的增益或亏损，黄秉维先生提出应加强对陆地表层多要素相互作用的研究。

（2）不确定性：牛顿三大定律在科学研究中起了重要的作用。皮埃尔-西蒙·拉普拉斯（Pierre-Simon Laplace）曾断言：根据牛顿定律，只要知道宇宙中所有粒子的当前位置和速度，原则上就有可能预测粒子任何时刻的情况，即“钟表宇宙”的图景。地理实证研究阶段基本基于这个思路开展研究。钟表宇宙的图景原则上是可行的，但实际上存在问题，因为现实世界显然不会像钟表一样沿着可预测的路径运行。20 世纪“测不准原理”和“混沌”的发现，彻底击碎了钟表宇宙精确预测的梦想（梅拉妮，2018）。既然系统初始状态测不准，且系统存在初值敏感的混沌现象，未来任何时刻的预测将无从谈起。当然“测不准原理”和“混沌”也不是复杂到不可认知的程度。复杂性科学则更注重研究这些复杂现象中的本质特征，例如用分形描述测不准背后的特征，用混沌运动、奇怪吸引子、通向混沌道路等描述混沌现象。

2. 复杂性研究的方法特征

复杂性研究不存在孤立于其他学科的方法和理论。1999 年“香山科学会议”总结了复杂性科学研究的主要特征：①研究对象是复杂系统；②研究方法是定性判断与定量计算相结合、微观分析与宏观分析相结合、还原论与整体论相结合、科学推理与哲学思辨相结合；③研究深度不限于对客观事物的描述，而是更着重于揭示客观事物构成的原因及其演化的历程，并力图尽可能准确地预测其未来的发展（杨国安和甘国辉，2002）。

尽管复杂性研究采用整体论的思维开展研究，但其研究也是有边界的。首先，应把研究问题限定在某一个层次上。离开研究的层次，复杂性就是一个无法度量、具有无限深度的虚假问题。其次，要限定研究的粒度。第一个限定不仅涉及观察者对事物认识的深度，而且也涉及事物本身的结构层次问题；第二个限定则不仅涉及观察者的认识能力，也涉及事物可认识的理论极限等问题。

（四） 地理大数据中的复杂性分析方法

近年来，陆表系统复杂性的研究越来越受到国内外相关机构和学者的重视。美国地理学家协会（American Association of Geographers，AAG）2012 年提出地理信息技术应与地理学各专业领域结合，开展各类复杂自然、经济和社会问题的研究（郭慧泉等，2013）。傅伯杰在对新时代自然地理学发展的思考中，提出需要深化耦合自然与人文要素及过程，研究建立、发展复杂系统模拟模型（傅伯杰，2018）。宋长青等提出复杂性是地理学继区域性、综合性之后的第三大重要特性，将成为地理学发展的新路径（宋长青等，2018）。

随着大数据时代的到来，地理观测数据的空间密度、时间密度以及数据种类的丰富程度得到极大提高，为地理复杂性研究提供新机遇。基于地理大数据，可以通过统计物理学的系列指标（例如，标度指数、分形维数、Hurst 指数、李雅普诺夫指数、混沌的倍周期与吸引子等）描述现实世界的复杂非线性特征；同时，基于地理大数据，还可利用深度学习、复杂网络、多智能体等方法，实现复杂非线性系统的推演和模拟。

因此，从复杂系统理论出发，借助复杂性理论的基本数学工具，认识地理现象和过程的复杂性，对复杂地理系统的分析、模拟、反演与预测有重要作用（魏一鸣，1999）。

本部分重点介绍统计学派中地理复杂性相关的分析方法，对于系统学派的方法仅介绍复杂网络。此外，由于深度学习方法在解释地理复杂性机理方面还有不足，故暂不作介绍。

1. 复杂的幂律分布及其标度指数

在大数定律和中心极限定律主导的年代，科学家一般都假定大部分自然现象服从正态分布。然而，在复杂非线性的现实世界中幂律分布比“正态分布”还要正态（normal），即数据的幂律分布是很正常的事情而不是意外。幂律分布特征体现了研究对象的复杂性。幂律分布具有如下性质：① 没有特征尺度：尾部概率密度高于正态，导致无数学期望；② 长尾分布特征：从高端到低端具有无限度延伸的趋势，形成长尾分布（Jiang，2015）；③ 自相关和偏自相关拖尾，代表记忆性和长程作用；④ 具有标度对称性，即伸缩变换下的不变性；⑤ 微分、积分结果依然为幂律。但是在传统计量地理的研究中，常常选择用对数正态分布函数来模拟幂律分布，因为对数正态分布具有特征参数，容易从数学上解析。这种替代会错误地将没有特征尺度的分布当作有特征尺度来研究，其解释和预测效果可想而知（陈彦光，2015）。因此，面对地理复杂分布，人们应该重新认识地理学的计量化和理论的前因后果（Philo et al.，1998）。

在开放的复杂地理系统中，符合幂律分布的现象比比皆是。例如，城市位序—规模、地震规模、月球表面上月坑直径、战争伤亡人数、国家 GDP、复杂网络中节点度、行星间碎片大小、太阳耀斑强度、城市居民收入等分布。这些分布中我们不能简单地用大数定律和中心极限思考问题，也无法找到具有特征尺度的测度描述现象。例如，市民收入是典型的幂律分布，很难想象将简单平均得到的工资均值用于描述市民的平均收入。标度研究的意义在于：提供了一个对无特征尺度的复杂现象进行解释和预测的新指标（陈彦光，2015）。例如，克劳塞特（Clauset）等开创性地发现恐怖袭击伤亡人数服从标度值为 2 的幂律分布，且无论是整体还是不同类武器的分布均为标度不变的幂律分布（Clauset and Young，2005）；Clauset 等人进一步确认了恐怖袭击中死亡人数普遍存在的幂律分布及其时空稳定性，其研究结果有助于预测恐怖袭击的死亡人数（Clauset et al.，2009；Clauset and Wiegel，2010）。陆松发现火灾中死亡人数、直接经济损失或过火面积都满足幂律分布，运用标度指数分析了六种影响因素对频率—死亡人数分布的影响（陆松，2012）。计算社会科学的乔菲教授（Cioffi）系统研究了灾害和人道主义风险中存在的系列幂律分布规律和相关的灾害风险分析方法（Cioffi，2014）。

2. 空间分形与时间分形

分形指局部与整体存在着一种自相似性，其本质也是一种标度量。这种自相似性也是复杂系统自组织特性的一种体现。地理现象存在空间分形和时间分形两种类型。

所谓空间分形可理解为地理现象在不同空间尺度上表现出来的一种形态自相似性。例如，海岸线形态在不同空间尺度下存在自相似性，森林火灾的过火面积在不同尺度的形态上存在自相似性，地震断裂带具有分形特征。这些不同尺度上的自相似性常用分形维数表示，通常分形维数越高表示系统驱动因素、关系、层次越复杂。例如，不同地区海岸线的分形维数可以表征该海岸线的复杂程度。陆松利用森林火灾过火面积的分形指数，分析了中日两国火灾的分异规律（陆松，2012）。在地震案例数据有偏的情况下，帕维兹（Parvez）等人利用地震的幂律分布与分形规律，推演出无偏的地震危险性分布图（Parvez et al.，2017）。陶（Tao）等利用降雨的分形规律，对卫星遥感降雨产品进行降尺度，提高了水文模型输入变量的分辨率（Tao and Barros，2010）。分形过程是一个简单的规则加上一点随机输入，重复演化生成复杂的现象的过程。如何找到这个规则是地理学研究的重要内容之一。

所谓时间分形可理解为地理现象在不同时间尺度上表现出来的一种形态自相似性。基于长时间序列的高频监测数据可以探寻这种时间分形规律（即长程相关性或长程记忆）。早在 20 世纪 40 年代，英国水文学家就提出了用于表征非季节性河流水文过程长程记忆特征的 Hurst 指数。长程相关性的概念起源较早，目前在金融领域的应用较多（Gao et al.，2007）。地理学者也开始尝试利用长程相关性和互相关性，解释不同要素间的相互驱动、响应、反馈和耦合规律，从而理解地理过程与地理系统的非线性特征。鲍尔斯（Bowers）通过树轮的长程相关性研究气候的记忆性（Bowers et al.，2013）。刘祖涵利用塔里木河流域气候—水文观测数据研究了该地区气候—水文过程的长程记忆性及其强度空间分布（刘祖涵，2014）。史凯等人利用成都及其周边地区空气污染指数，分析不同地区该指数的长程相关性和互相关性，探讨了该区污染的耦合与运移规律（史凯等，2014；吴生虎，2016）。

3. 地理中的混沌现象

简单地说混沌是用来描述对初始条件敏感的动力系统，即在动力系统中如果初始值稍有偏差就可能导致系统朝着截然不同的方向运行，例如蝴蝶效应。当然复杂性科学研究中的混沌也不是完全不可预测的。尽管混沌存在着初值敏感、难以预测的特点，但这些混沌现象其实也有踪迹可寻。李雅普诺夫指数（Lyapunov）是用于识别地表系统混沌运动常用的特征指数之一。王卫国等人利用李雅普诺夫指数，发现北半球臭氧层系统是一种耗散混沌的运动，不同纬度臭氧层系统的相空间总体上是收缩的，同时提供了存在奇怪吸引子的证据（王卫国等，1997）。高志球等人基于黑河实验站的水平风速数据，计算并分析关联维数、李雅普诺夫指数和柯尔莫哥洛夫熵等混沌特征量，表明干旱地区大气边界层湍流是一种混沌运动（高志球和王介民，1998）。高（Gao）等人用尺度依赖的李雅普诺夫指数研究了科罗拉多河和安普夸河的间歇性混沌特征（Gao et al.，2007）。刘祖涵利用李雅普诺夫指数分析了塔里木地区气候—水文系统中蝴蝶效应的强弱，以及年径流量系统蝴蝶效应的强度及其空间分布（刘祖涵，2014）。泽蒙曼等人基于大数据和机器学习，预测出混沌火焰系统在未来八个李雅普诺夫时间内的演化过程（Zimmermann and Parlitz，2018）。上述混沌现象的研究为我们更深刻地理解我们赖以生存的地理环境提供了新的视角。

4. 复杂网络

复杂网络是具有自组织、自相似、吸引子、小世界、无标度中的部分或全部性质的网络。无标度网络中节点的度数服从幂律分布，而交通网络节点的度分布通常为泊松分布。在地理研究中，国家间关系（丁榕俊，2012）、疾病传播（何大韧等，2012），甚至空气温度（Wang and Yang，2009）、水文波动（刘祖涵，2014）等都可以被构造为复杂网络开展研究。

复杂性科学研究的核心理念之一就是深刻理解从微观基本单元到宏观复杂结构和统计规律之间的涌现机制。可以说，当前有关复杂网络的众多研究都与该问题相关，例如宏观动力学过程、宏观结构和宏观统计规律的涌现等。在有些研究中，直接找到从微观个体到全网的宏观结构比较困难，两个端点之间尚需要一个中间过渡，也就是以模体（motif）和群落（community）为代表的中观结构。这些中观结构的分布、在动力学过程中扮演的作用，以及从微观到中观、从中观到宏观的涌现过程，都是值得高度关注的。复杂网络在地理研究中的应用主要集中在三个方面：①复杂网络的静态特征，度分布、小世界特征、模体和群落的特征等，例如胡小兵等人针对复杂网络提出了凝聚度指标，用于描述与测度社会生态系统抗干扰能力（胡小兵等，2014）；②复杂网络的形成机理，例如王（Wang）等人用中国 34 个城市的气温构建了个地区关系网络，将 34 个城市集中在四个模块中，不同模块的灾害发生的行为各有不同，研究结果有助于编制灾害应急预案（Wang and Yang，2009）；③复杂网络上的动力学机制，例如何大韧等人介绍了基于复杂网络上的传播动力学的 SIS 模型和 SIR 模型（何大韧等，2012）。

5. 方法小结

尽管上面给出了一些非线性研究的地理案例，但以上这些研究还是比较粗浅的，受限的主要原因是数据本身和对地理系统结构的认识不足。地理学已进入大数据时代，地理大数据为开展地表复杂非线性研究提供了机遇，为认识地理复杂性的本质提供了可能。通过地理复杂性研究可开启认识地理现象和过程的新视角，以便更深刻地认识地理现象的结构、功能和过程。在后续的地理复杂性研究中，应充分利用地理大数据，结合复杂地理现象的问题，融合或发展更多的复杂非线性分析方法。

（五）结论

地理大数据驱动的第四范式将突破传统封闭系统的假设，以真实、开放的地理复杂系统为研究对象，打破第二范式中经典牛顿力学的建模方法。运用大数据挖掘工具进行统计和计算，进而对内容进行分析，避免了第三范式因数据有限而导致的系统功能结构划分的主观性，或智能主体行为刻画的缺陷性，为得出之前没有认识到的一些系统特征或理论提供了可能性。

地理大数据驱动的第四范式为复杂系统研究奠定基础。随着大数据时代的到来，地理系统的相关属性数据、时空数据和行为数据能全面、真实反映地理各要素的状态以及演化过程，为捕捉复杂地理系统中的标度指数、长程相关性、李雅普诺夫指数以及混沌的倍周期与吸引子等特征提供了机遇。此外，基于地理大数据还可以刻画智能主体的非线性参数和推演规则，实现复杂现实世界的推演和仿真。

地理复杂性方法的研究已经取得了一定成果，表明复杂性方法逐渐受到地理学领域的重视，且学者抓住了复杂地理现象和过程的本质。当然，对复杂性认识和方法研究历史十分年轻，复杂性方法的运用和创新任重道远，还有很多困难和未知等待科学家解决和认识。但是无论采用何种方法，复杂性研究方法的本质是抓住地理系统中非线性和不确定的特征，找到描述复杂性本质的简化方法，而不是简单采用线性化方法。

地理大数据的积累推动了地理复杂性科学研究的发展，同时地理复杂性的研究又加固了地理大数据在科学范式演化革命中的地位。因此，地理大数据和复杂性科学相互支撑将可能成为21世纪地理学的主流科学方法。

五、理解地理“耦合”实现地理“集成”

摘要：“耦合”作为物理学的经典概念，为许多学科提供了一套阐述多主体相互作用的思路和方法。“集成”不是来自特定学科，但因其高度的概括能力被广泛应用于自然和人文科学领域。地球科学是应用这两个概念最多的学科之一。地理学作为自然与人文交叉学科，具有区域性、综合性和复杂性的特征。在使用耦合概念时，不同地理分支具有不同的理解。为此，地理学者有必要明确界定不同学科、不同情景下耦合概念的内涵，从而更准确地探索陆地表层格局、过程和机制。首先，从地理要素耦合、地理空间耦合、地理界面耦合、地理空间尺度耦合、地理关系耦合、地理耦合解译六个方面，对地理耦合的内涵进行全面解析和界定，并给出了相应的研究实践案例。其次，从地理学的视角认识理解集成，并以“黑河流域生态—水文过程集成研究”重大研究计划的地理实践为例，介绍实现地理集成的基本路径。最后，提出理解地理“耦合”与实现地理“集成”之间的联系。

关键词：地理耦合；地理集成；生态—水文过程；黑河流域

“耦合”作为物理学的经典概念，是指两个或两个以上电路元件的输入与输出之间存在的紧密配合与相互影响，并通过相互作用从一侧向另一侧传输能量的现象。这一概念的核心是强调两个或两个以上独立单元的相互作用，并产生以物质为载体的能量交换过程。耦合为许多学科提供了一套阐述多主体相互作用的思路和方法。自 20 世纪 80 年代起，随着系统思维的不断深入，科学研究更加强调多要素之间的相互作用、多过程联系以及内在机制联动，故拓展后的“耦合”概念被广泛运用于自然科学、社会科学和人文科学领域。

地球科学是借用“耦合”概念最广泛的学科之一。一方面，自20世纪80年代起，随着地球科学分支的快速发展，科学界对地球各圈层产生了相当深入的认识。随着地球物理技术的发展，科学界对固体地球内部结构产生了飞跃的认识；随着深空技术的发展，科学界对多层大气过程有了充分的了解；随着深海技术的发展，科学界对海洋的行为有了全新的认识；随着对地观测技术的发展和对人类活动认识的不断加深，科学界对陆地表层各要素演化规律有了一定的了解。尽管人们对地球科学各领域的认识不断深入，但是，对将地球科学作为一个整体的运行规律还知之甚少。究其原因，是在解析地球整体行为过程中缺少系统的、综合的思维和方法路径。为此国际地球科学界提出了地球系统的概念，科学家致力于发展地球系统科学学科，并建立了相应的地球系统科学研究机构。另一方面，倍受人类关注的陆地表层各要素研究也从单一过程走向系统思维过程，“人—地关系地域综合体”（樊杰，2018）、“地球表层学”（浦汉昕，1985）和“陆地表层系统”（葛全胜等，2003；吴绍洪等，2016）等概念被广泛提出。人们力图通过系统科学的方法揭示陆地表层系统的演化特征（黄秉维，1996）。

陆地表层系统是一个复杂、开放的巨系统，其自身禀赋的复杂性无法用传统系统科学的方法论彻底解析，因而需要综合运用归纳、推演、系统和复杂性的方法体系。诚然，无论相对简单的系统还是相对复杂的系统，其内部都存在固有结构和相互作用的组分，这是我们揭示系统本身的科学前提。基于这种认识，理解系统内在组分的耦合关系则成为解译、识别系统的关键环节。

（一） 地球科学“耦合”研究的科学实践

截至2018年7月，“耦合”一词被广泛地用于中国地球科学的各领域（表5-1）。从表5-1可知，地球科学的各领域都在不同程度地使用“耦合”；其中，地质学用得最多。最早追溯到20世纪50年代前后，其耦合概念基本遵循物理学的理解；例如，有文献利用物理耦合原理研究爆炸讯号（六四六厂2200、2111队，1972）。其后，有研究利用耦合概念描述两个以上地质要素的作用关系，例如，盛茂等（2013）将裂缝性页岩气藏视为基质孔隙—裂缝双重介质，同时考虑岩石骨架变形对气体渗流场的影响，建立了页岩气藏流固耦合渗流模型。后来，部分研究利用耦合概念对复杂地质指标进行环境因子变化解析，例如，吕厚远（1989）利用孢粉资料，通过对应分析找出古环境因子，对地质时期的温度、相对湿度、绝对湿度、干燥度、蒸发力、降水量进行计算，得到较为理想的结果。由此可知，地质学研究中耦合的概念存在着较大差异，从传统物理学的理解，到地质多要素相互作用，再到耦合指标的解析均有不同的解释。不同的耦合概念具有不同的地质学含义。

表 5-1 截至 2018 年 7 月地球科学研究主题中出现“耦合”一词的文章数量

	地质学	地球物理学	气象学	海洋科学	自然地理与测绘
全文	20 421	8 190	6 983	4 990	2 793
摘要	10 089	3 833	3 759	2 549	1 202
关键词	231	106	58	48	35

注：数据来源于中国知网统计结果。

在地球科学中，具有确切耦合含义的学科是大气科学。相对其他地球科学分支，大气科学以研究地球外层大气运动规律为主要目的。大气介质与地质体、地球表层环境要素和海洋水体相比较，其空间异质特征不甚明显，因而可转换为更易理解的研究对象，并用牛顿定律进行表达和解释。在过去几十年中，科学家构建了不同区域尺度、不同时间尺度、包含不同要素过程的多种天气模式和气候模式。然而，地球外层大气运动不是独立、理想的过程，而是严格受地球内外营力的约束和控制，同时受下垫面条件的影响。面对这些实际问题，耦合概念为大气科学研究提供了很好的思路。在具体研究过程中，大气科学不仅应强调大气运动的过程耦合，如物理过程与化学过程的耦合，更应强调大气边界与其下垫面耦合，如海气耦合、陆气耦合以及海陆气耦合等。由于大气科学研究已经进入到模式化时代，耦合概念已经不是简单的理念、思路，已经发展为方法和工具被广泛应用。

（二） 地理“耦合”的内涵与研究实践

地理学是一门自然与人文交叉学科，具有区域性、综合性和复杂性特征（宋长青等，2018b；程昌秀等，2018）。“耦合”在不同地理分支学科下有不同的理解，为此，地理学者有必要界定“耦合”在不同学科、不同情景下的内涵，这将有助于更加准确地理解陆地表层格局、过程和机制。

地理学是以陆地表层自然和人文要素为对象，以时间、空间和尺度为核心特征的综合研究（宋长青，2016），同时，地理学往往面对复杂综合指标的特征解析。因此，地理耦合的内涵可以从地理要素耦合、地理空间耦合、地理界面耦合、地理空间尺度耦合、地理关系耦合、地理耦合解译等方面进行解析和界定。

1. 地理要素耦合

地理学关注的陆地表层是一个复杂系统，系统内部各要素发生紧密的相互作用，要素间不间断地进行着能量交换，多要素相互作用从而推动了系统的整体演化行为。这种基于动力学过程或统计学方法识别的多要素相互作用称之为地理要素耦合。

地理区域是一个多要素相互作用的系统，构成地理系统的各个要素在时间和空间上发生着紧密的内在作用，集中表现为水分、土壤、生物和大气为载体的物质和能量的相互作用，以及在同一空间里，地理要素耦合作用并随时间演化。黑河流域上游地区生态—水文耦合模型研究是地理要素耦合的一个很好例证（Yang et al.，2015；Gao et al.，2018）。该模型以地形地貌、土地利用和土壤植被为下边界条件，以多种气象要素（如降雨、辐射、风速、湿度等）为驱动因子，以冰川、积雪、地表水文特征、植被动态、水分—土壤—植被系统热量传输为耦合对象，实现了水分通量、能量通量和状态量的模拟输出（图 5-1）。黑河流域上游区域生态—水文模型多要素耦合研究基本是在大量观测数据基础上，遵守物质和能量平衡原理，构建动力学模型，对典型的流域上游生态—水文动力学过程进行解译。当然研究中也存在一些以统计方法为主体的模型构建，基于统计方法的耦合仅从要素的数量、相关关系上解释各要素的耦合，不能直接反映其动力学联系。此外，刘海猛等（2019）也探讨了城镇化与生态环境系统中自然要素与人文要素间复杂、交叉的耦合关系。

2. 地理空间耦合

地理空间耦合是地理学区域研究的重要内容之一。区域划分遵循地理要素的差异性原则，如何建立区域联系、整合多区域系统是地理学研究的命题之一。通过建立区

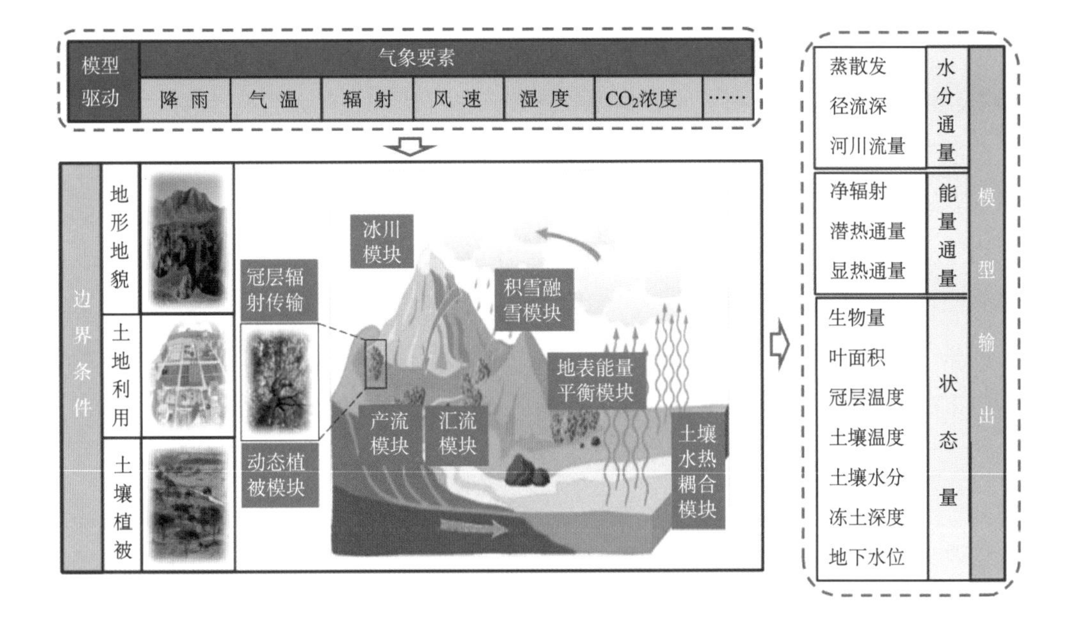

图 5-1　黑河流域上游生态—水文集成模型的多要素耦合

注：引自“黑河流域生态—水文过程集成研究”重大研究计划总结报告，由杨大文教授提供。

域间物质输入与输出的平衡关系，可实现区域核心要素的空间联系，为理解多区域特征提供可能。这种通过区域间相互作用的物质联系解释区域边界缝合的方法，可称之为地理空间耦合。

地理学研究的特征之一是解决均质和异质空间的特征描述、变化规律及形成机制的问题。对同质空间而言，更多强调其自然和人文特征的一致性，以及同质特征的空间分布范围、多要素相互作用过程的一致性、驱动机制的一致性。对异质空间而言，更多强调其自然和人文特征的差异性、变化规律的差异性，以及造成空间差异的动力学基础。地理学研究常常要处理异质空间的关联关系，随着研究区域的扩大，这种异质空间的边界关系就变得更加多样和复杂。在地理学的耦合研究中，经常采用地理空间耦合的方法处理异质空间边界的关联问题。

中国西部干旱内陆河流域研究是流域上游与中下游区域水文过程空间耦合的一个很好例证。上游区域为高山草甸和高山森林区域，其水分形式以大气降水、冰川和积雪融水补给为主，故在上游流域水文过程的研究中，需要统筹考虑大气降水、冰川和积雪融水、冻土融出水以及生态过程对水文时空过程的影响，针对性地研发地表水文过程模型。中下游区域缺少大气降水，主要由上游地区地表水和地下水补给为主，故在中下游流域水文过程的研究中，需要以地表河道径流和地下水过程为主，统筹考虑地表蒸散发、地层和岩石特征等因素对水文过程的影响，针对性地研发刻画地表水和地下水互动的水文过程模型。

由于上游与中下游异质特征导致的水文过程与水分行为的差异，开发了功能与特征不同的模型工具。但是，作为一个完整的内陆河流域，水文过程存在着不可分割的内在联系，为此，在黑河流域研究中通过建立区域水量平衡关系，即将上游水量输出作为中下游水量输入，构建了以水量为代表的物质平衡的空间耦合思路。

3. 地理界面耦合

地表关键带概念的提出，进一步拓展了地理学研究的垂直空间，研究发现从岩石风化壳表层、土壤层、植被层到大气层多界面频繁地进行着物质和能量交换，从而驱动着陆地表层系统的特征演化。这种基于多介质界面的相互作用称之为地理界面耦合。

陆地表层系统是一个多介质相互作用的系统，同一介质也存在着赋存形态的差异，因而形成水平空间和垂直空间的多种界面，如土壤与植被界面、大气与土壤界面、地表水与地下水界面，围绕这些界面进行着物质和能量的交换。由于界面是陆地表层系统中作用过程复杂和活跃的区域，选择恰当的对象开展界面耦合研究是认识和理解陆地表层过程的有效手段。黑河流域中下游区域地表水与大气的耦合过程、地表水与地下水的耦合过程都是地理界面耦合的典型例证。通过地表水与地下水模型耦合研究，可以发现黑河流域中下游地区地表水与地下水交换通量，以及在不同子区域的差异。

4. 地理空间尺度耦合

地理学是一门基于多尺度研究的科学，不同的空间尺度所表达的地理对象要素的多寡、格局的复杂程度、变化过程和演化的驱动因子都有所不同。在多数研究中，存在着多尺度套叠现象，为此，科学家探索了各种尺度转换、尺度融合的方法。这种在同一区域开展多尺度研究的方法称为地理空间尺度耦合。

地理学是一门严格受尺度约束的学科，关于地理尺度的理解是一个非常复杂的问题，简单地可以理解为空间和时间的长度和间隔。不同尺度的地理学问题存在不同的主导要素内容、不同的测度指标体系、不同的驱动因素、不同的演化速率和方式等。在实际研究中，往往会遇到多尺度问题，其主要表现在要素、指标、因素等跨尺度耦合效应。从图 5-2 基于行政边界划分的多尺度耦合示意图可以看出，尺度之间存在着叠加关系，不同的空间尺度具有不同的地理学问题。当然，这样一个例子不足以表达地理尺度的全部内涵。

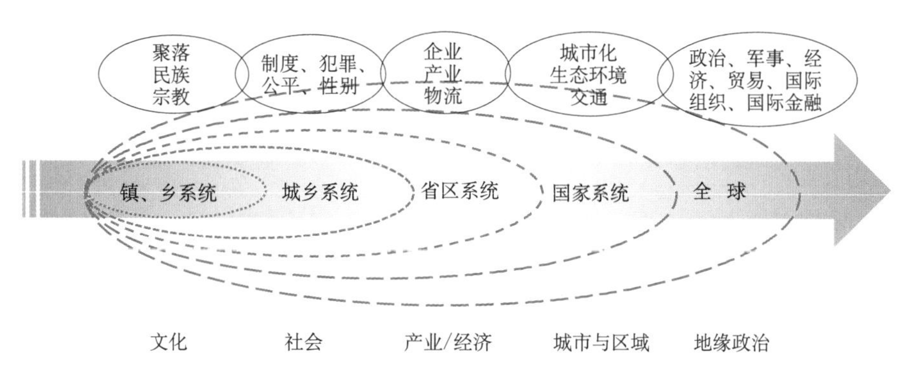

图 5-2　不同地理空间尺度耦合示意图

5. 地理关系耦合

从耦合概念的广义特征出发，地理学研究常将两个或两个以上具有遥相关意义的地理变量（如区域旅游人口数量与 GDP 的关系）进行统计分析，这种建立间接的不具有物质与能量联系的地理变量关系的研究称之为地理关系耦合。

在地理学研究的社会、经济现象中，许多要素存在非严格的对应关系，即无法将所涉列的要素概括为绝对的内在联系，或者说经济学上的投入—产出关系。通常，建立指标的统计学关系，表达指标可能存在的内在联系和相互驱动关系，实际上是松散的关系耦合。廖（Liao）等以张家界、黄山和三亚为案例，建立旅游业与资金投入的耦合关系，阐述了 2000～2016 年旅游业与资金投入的耦合关系变化过程（Liao et al., 2018）。这项研究在一定程度上刻画了二者的关系，但是，事实上旅游业的发展不仅与资金投入有关，可能还与旅游资源本身和管理措施等有关。

6. 地理耦合解译

真正的实验地理学至今仅有百余年的历史，最早的系统的地理文献记载不过千余年，为了研究更早的地理变化规律，科学界不得不利用地层记录开展研究。地层记录分析、测量的指标相对较少但富含综合信息，如地表植被是当地水分、热量、土壤综合作用的结果，而地层中的孢粉特征则是当时水分、热量、植被、土壤等综合作用的结果，因而，通过地层孢粉数据分析可解译出不同要素的变化特征（宋长青等，1997）。这种利用综合指标解析独立因子变化的思路称之为地理耦合解译。

现代地理学研究主要依赖于大量的自然地理要素观测和人文地理要素统计数据，对于长时间尺度的研究可采用文献记载、考古和地质记录来完成。由于长时间尺度的记录往往不能识别现代地理学研究的独立要素，所获得的记录更多是定性、间接、综合的指标，如文献记载的冷与暖、地质记录中有机碳含量等。简单地用这些指标无法获得长时间尺度的自然和人文地理环境的变化特征。事实上，这些指标本身就耦合了多种地理要素相互作用而产生的共同结果，为此，耦合解析则成为地理学长时间尺度研究的重要工具。刘嘉麒等（2000）从地层剖面中测得沉积物样品 1 万年以来的干密度，沉积物干密度受气候变化的制约，气候变化则受不同周期的气候控制因素影响。因此，可以理解为近万年来干密度变化受多个周期气候因素控制，分离、解译不同尺度的气候控制周期的过程则是耦合解析，利用快速傅立叶变换（Fast Fourier Transform, FFT）的方法从干密度（气候）曲线中分离出 2 930a、1 140a、490a、250a 和 220a 中心周期成分，可以了解每个周期的幅度、在时间上的分布、变化趋势等，通过耦合解析可以理解不同时段干密度变化的主要气候周期（图 5-3）。

（三） 地理集成的基本路径

尽管集成概念在科学上尚无统一的定义，但在地理学研究中已被广泛使用，且在地理区域实践中发挥着重要的作用。本部分力求从地理学的视角对“集成”加以认识，在地理实践研究中介绍其具体使用途径。

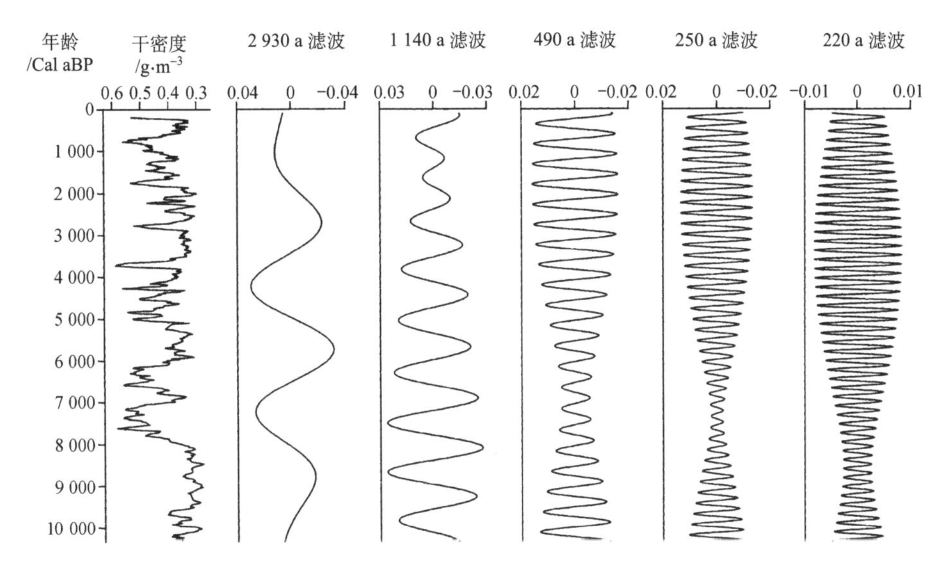

图 5-3 湖光岩玛饵湖全新世以来的气候变化及其主周期成分的波动趋势（刘嘉麒等，2000）

1. 地理集成的狭义理解

与“耦合”概念相比，“集成”不是来自于特定学科，而是泛指一些孤立的事物或元素通过某种方式改变原有的分散状态，集中在一起并产生联系，从而构成一个有机整体的过程。根据以往各学科使用情况，可从三个方面理解其内涵：由分散个体整合为有机整体、针对不同学科具有明确的整合平台、针对不同对象具有明确的整合方式。由于集成概念具有高度的概括能力，无论自然科学还是人文科学都在广泛地使用这一概念。地球科学是应用这一概念最多的领域之一，尤其在地理学分支中应用最为广泛。截至 2018 年 7 月，在中国知网刊出的自然地理与测绘领域的文献中，全文、摘要和关键词出现“集成”的文章分别有 20 714 篇、6 499 篇和 239 篇，居地球科学各分支之首（表 5-2）。

表 5-2 中国知网各种主题中出现“集成”一词的文章数量（篇）

	地质学	气象学	自然地理与测绘
全文	8 350	不在前 50 位学科*	20 714
摘要	2 667	1 399	6 499
关键词	41	27	239

注：数据来源于中国知网统计结果。

*出现“集成”一词，但未列入前 50 位学科。

在地理学研究中，“集成”整合的对象为同层级的自然和人文地理要素；整合的平台多为特定尺度的研究区域；整合的方式一般以研究工具进行表达，如通过模型工具进行整合。尽管如此，各学科对集成内涵的理解尚存在不同，地球科学各分支以及地理学内部的理解也不统一。但是，不可否认，通过要素模型进行整合是目前最为有效的方式之一。

2. 黑河流域生态—水文—经济集成研究实践

黑河流域是中国西北地区第二大内陆河流域，发源于甘肃祁连山脉、终止于内蒙古居延海，流域面积约为 14 万 km^2。从构造上是典型的山盆结构，由于地形高差大，形成了自山地向盆地过渡的高山草甸、高山森林、盆地绿洲、干旱荒漠以及干旱内陆湖泊的地理结构特征。干旱气候特征造成特定的流域水文过程，同时形成水资源短缺的现状。从地区资源、生态和社会经济发展的角度出发，国家自然科学基金委员会设立了“黑河流域生态—水文过程集成研究”重大研究计划（以下简称“黑河计划”），旨在通过生态—水文—经济集成研究，平衡水资源使用效率，从而为区域生态、生产和生活用水提供科学决策支持（程国栋等，2014；Song et al.，2017）。“黑河计划”以系统思维为主线，以集成研究为路径，以决策支持为目标。本研究计划突破传统典型代表性的工作模式，构建系统的数据观测平台，实现了全区域网格数据制备；力图从机理上认识生态、水文、经济等过程；开发具有时空表达能力的多重模型系统；最终建立具有实际目标和影响设定的决策支持系统（图 5-4）。

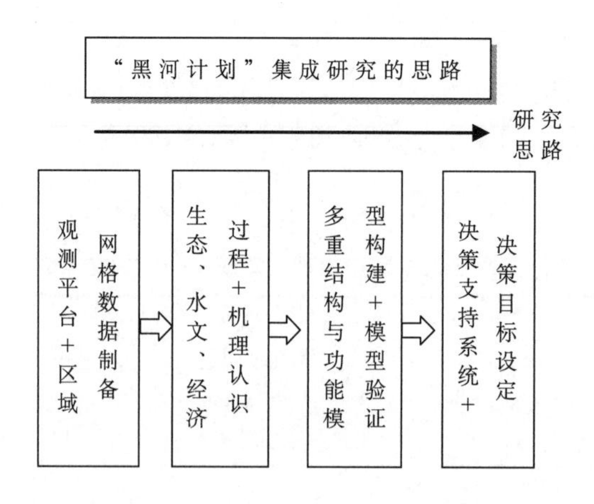

图 5-4　黑河流域生态—水文—经济集成研究思路框架

（1）通过网格化数据制备建立多要素集成的数据基础

地表系统研究的基础是多元功能地理要素数据的获取，与典型研究有所不同，系统研究需要区域的全覆盖，为此，多要素、高分辨率、网格化数据的制备成为系统集成研究的客观要求。在“黑河计划”研究中，针对模型需求对流域数据采集进行了有效分类。①精细化地制备模型本底数据，如土壤、植被、地貌数据，并按需求进行网格化（李新等，2016）；②通过区域气候模型制备模型驱动数据，如气象、气候因子数据；③通过实际观测和统计、调查制备相互作用的模块化数据。由于数据性质和功能不同，采取不同的数据采集方式、制备方法，并确定其时空特征和集成功能（表 5-3）。

表 5-3 黑河流域生态—水文—经济集成研究格网数据的制备

数据类型	土壤、植被	水热因子	气象、气候因子	经济
采集方式	采样、观测	航空、卫星遥感	气候模型	统计、调查
制备方法	空间模拟	模型反演、地面实验	模型模拟	空间模拟
时空特征	低分辨率	中分辨率	高分辨率	空间定位
集成功能	区域本底	模型参数	模型驱动	资源平衡

（2）通过构建多要素模型建立多过程集成的工具

模型是表达地表变化过程的工具。对地表过程的本质认识与有准确表达的模型是实现集成的科学基础。“黑河计划”研究为刻画流域内自然和人文要素的时空变化特征，建立了一系列单要素模型；为刻画自然和人文要素的相互作用建立了一系列耦合模型；最后，基于单要素过程模型和多要素耦合模型建立了具有表达区域水文—生态—经济要素关系的集成模型（图 5-5）。

作为一个典型的干旱区内陆河流域，黑河流域几乎涵盖了所有的陆地表层系统自然和人文要素。集成模型的构建力图达到如下三个目标（图 5-6）：① 通过黑河流域核心要素的模块式表达，深刻理解环境要素的变化规律和相互作用关系。在黑河流域先后构建了自然要素模型，例如分布式水文模型、冰冻圈（冻土、积雪、冰川）水文模型、三维地下水—地表水耦合模型、作物生长模型、荒漠植物生长模型、陆面过程模型等，以及社会经济系统模型，例如土地利用模型、水资源模型、水市场模型、虚拟水模型、生态系统服务模型和水经济模型等。② 通过集成将要素模块进行有机结合形成模型，理解流域系统的整体演化规律。黑河流域集成的流域系统模型力求同时对自

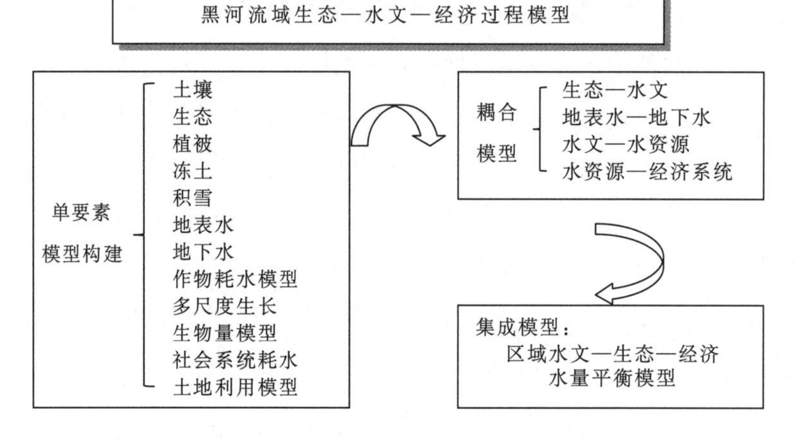

图 5-5　黑河流域生态—水文—经济过程模型

然和社会经济两大系统进行整合，从而形成自然—社会系统双向耦合、反馈、协同演化的流域系统模型。③ 创建具有目标决策能力的支持系统，发展集成模型的区域管理能力。黑河流域集成模型对流域水资源利用效益进行评估，同时，在不同情景水资源分配条件下，通过以集成模型为基础的决策系统可对整体流域能力进行高质量的评估。

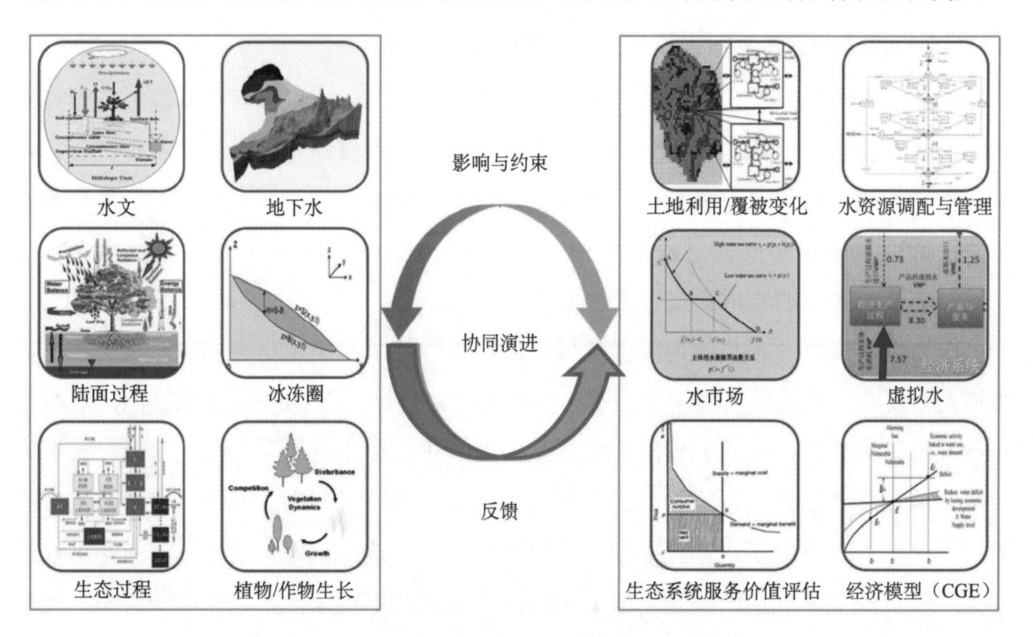

图 5-6　黑河流域系统模型的总体目标及框架

注：来源于“黑河流域生态—水文过程集成研究”重大研究计划总结报告，由李新研究员提供。

综上所述，集成研究是一项复杂的系统地理学研究工作，从“黑河计划”研究经验可以发现，首先，集成研究应明确目标，目标的制定决定了参与集成要素的选择，围绕集成目标和与目标相关联的多要素联动体系，成为选择要素的依据。其次，集成研究的关键是对地理过程的认知和表达程度，过程认知准确程度是高质量集成的基础，准确的模型表达是实现集成的重要工具，以此为基础的集成才有可能为目标决策提供切实可行的依据。

（四）结论

地理耦合是一个基于不同层次的科学概念，针对不同的问题被理解为研究思路、研究方法或研究工具。其主要目的是通过不同层次的耦合，实现对地理过程的本质理解。到目前为止，通过模型工具表达地理耦合过程是地理过程研究的前沿方向，也是解决集成研究的核心基础。高质量集成研究的基础是对地理耦合的深刻理解，通过多重模型的链接是实现集成的有效途径。集成目标的确定、集成数据的整合是实现地理集成的基本前提。耦合与集成是开展地理综合研究不可偏废的两个方面，地理耦合过程的认知程度决定着地理集成的层次和质量，地理集成的水平决定了对地理区域综合特征的理解与表达，进而影响对地理系统演化规律和驱动机制的认识*。

* 致谢：衷心感谢北京大学杨大文教授、中国科学院青藏高原研究所李新研究员提供的图片。

六、地理学研究范式的思考

摘要：地理学主要关注陆地表层自然和人文要素的空间分异规律，针对这一复杂系统的不同问题应该选择不同的研究方式。本部分在思考以往地理学研究方式的基础上，将地理学研究范式概括为：地理经验科学研究范式、地理实证科学研究范式、地理系统科学研究范式和地理大数据研究范式。对不同地理科学问题应选取不同的范式加以研究，对有些复杂科学问题应采用多种研究范式加以解决。

关键词：陆地表层系统；经验科学范式；实证科学范式；系统科学范式；大数据研究范式

科学研究范式是开展科学研究、建立科学体系、运用科学思想的坐标、参照系与基本方式，是科学体系的基本模式、基本结构与基本功能。它是常规科学所赖以运作的理论基础和实践规范，是从事某一学科的研究群体所共同遵从的世界观和行为方式。简而言之，研究范式就是科学群体在开展特定的领域研究时所共同遵守的准则。

学科是科学发展过程中不断深化的产物，是人类知识体系中的基本单元。作为一个成熟的学科应具备明确的研究对象、基本的理论、技术和方法体系，地理研究范式则是地理学科与不同哲学思维相结合的产物。

地理学是一门历史悠久的学科，主要关注陆地表层环境要素多时空尺度分异规律；既关注自然要素也关注人文要素；既关注空间过程也关注时间过程；既关注局地尺度也关注全球尺度；既关注格局也关注过程和机制。由此不难看出，地理学是一门内容涉猎广泛、问题类型多样的学科。当今地理学处于多种研究范式并存的状态，在实际研究工作中各自发挥着不可替代的作用。

根据地理学的研究目的、理论假设和方法论特点，可将地理学研究范式划分为经验科学范式、实证科学范式、系统科学范式和大数据研究范式。每一种研究范式都有各自的数据需求、分析原理、取得的成果和存在的不足。可综合归纳出如下主要特点（表 6-1）：

表 6-1 地理学研究范式类型

	经验科学（范式）	实证科学（范式）	系统科学（范式）	大数据科学（范式）
盛行年代（中国）	南北朝（《水经注》）—今	1980—今	1990—今	2010—今
数学基础	定量描述	经典牛顿力学	仿真与模拟	复杂性与系统科学
目的	定义区划指标，刻画区域类型和区域差异	刻画格局与过程的联系，探求动力学解释	刻画地理类型区和地域综合体多要素协同演化规律	刻画地理事件与地理要素的时空联系，揭示其发生本质
假设	地理空间不重复，具有绝对的差异和相对的近似性	封闭环境下，地理现象的演化严格遵守物质能量守恒定律	共存同一封闭系统中地理要素相互依存，协同演化	开放复杂的陆地表层巨系统中地理要素的相互作用与耦合机制
方法	调查；测量；制图	实验、统计和模型模拟方法	模型模拟；集成方法	大数据分析科学；计算科学；地理科学方法
数据特点	简单	精确	种类丰富	数据量大；数据科学意义的指征性不足
分析原理	区域时、空差异分析	中观、宏观尺度区域差异分析	多尺度地理类型和地域综合体变化分析	通过“关联”分析，推理内在的因果
取得成果	建立地带性规律，地理区划	在一定程度上理解地理要素演化的动力过程	地理类型和地域综合体变化机制与调控	探测地理事件发生耦合关系，预测未来
存在缺陷	小尺度缺陷	理想假设多	规则不清、方法不成熟	本体特征模糊
知识结构	地理学	地理+物理+化学	地理+物理+系统	地理逻辑+计算机+统计

（一） 地理经验科学研究范式

“经验”是在社会实践中产生的、客观事物在人们头脑中的反映，是人类认识的开端。因此，基于经验的认识是由表观、直接的大量事实的积累而产生。基于经验认识总结的规律缺乏深层次的理论解释。

地理学作为一门古老的学科，可以追溯到郦道元《水经注》出品的年代。当时的地理学还不具备自然科学的实验特征，以自然和人文现象记述、地方志等特有的文学、历史形态而存在。作为对自然事物、人文现象的描述，通过大量事实的直观感受、累积、总结形成对地理区域的认识。古往今来，这种思维方式一直存在着，而且在我们的现实生活中发挥着重要的作用。由于地理学的重要学科任务之一是刻画地理空间的差异性，因此，基于经验科学的地理研究范式具备独特的研究特点。地理经验科学研究范式的内在假设是地理空间绝对的差异性，这是地理分异的基础，也是地理学科存在的必要条件；同时地理空间存在相对的近似性，这是地理分区的基础，也为地理学科的存在提供了可能。

多年来，基于经验科学的地理学以刻画区域要素和区域差异为目标，根据大量的自然和人文要素的空间特征，采用定性和定量相结合的方法，定义了地理区域划分的指标体系。在实现上述目标时，基于经验科学的地理学采用野外调查、实地测量、多比例尺制图等方法，所使用的数据种类相对简单，数量相对稀少。从中观、宏观尺度上分析了地理区域的时空差异，建立了地理地带性规律和地理区划的规则。考虑到现代地理学发展的需求，基于经验科学的地理学在针对小尺度地理现象的描述与解释方面存在相对的局限性。

（二） 地理实证科学研究范式

“实证”是指通过实际亲历以证明，证据确凿以验证。实证研究是通过实验观测的数据和实际研究的手段来总结一般性结论，并要求这种结论在相同条件下具有可重复性。这是一种从个别到一般，归纳出事物本质属性和发展规律的研究方法。

地理客观事实告诉我们，地理区域存在着绝对差异。一个区域的特征、状态、过程和形成机制无法在另外一个区域得到完全的重复验证，这给实证研究理论假设提出了严峻的挑战。为了证明其存在，同时证明其存在的本质，实证科学的地理学目的是力求科学准确地刻画地理要素的空间格局与时空变化特征，并探求其动力学解释。但由于自然地理要素和人文地理要素多种多样，其格局、过程及变化机制的解释具有多解性，因此实现其目的的难度非常之大，一般采用动力学和统计学相结合的方法加以解决。基于实证的地理学研究范式的理论假设为自然地理要素时空变化过程基本遵守物质能量守恒定律。在此基础上，通过经典物理学的方法刻画地理要素的演变。在刻画人文要素时，其假设人文要素之间、人文要素与自然要素之间存在固有的本质联系，并选择恰当的统计学方法加以解决。地理实证科学研究范式的特征为：通过实验获取相对准确的数据，利用其刻画地理事实过程从而减少偏差；通过动力学、统计学的方法，构建逻辑科学、参数适合的模型，实现模拟结果的真实逼近；在此基础上，实现对中观、宏观尺度区域差异和区域联系的本质解释，进而理解地理要素时空演化的动力学驱动过程。

（三） 地理系统科学研究范式

“系统”是由相互作用、相互依赖的若干组分结合而成的具有特定功能的有机整体。系统不仅是具有层次的有机整体，还是从属于更大系统的组分。地理学关注陆地表层自然和人文要素的研究，这些具有地理空间属性的自然和人文要素可视为系统的组成部分。毋庸置疑，它们具有相互作用和相互依赖的属性特征。同时，不同地理尺度的有机整体构成了陆地表层系统的层次结构。从系统的理念出发，研究陆地表层复杂系统的行为特征、演化规律、功能结构是基于系统科学的地理学研究范式的重要特点（李双成，2013）。

从这个意义出发，地理系统科学研究范式的主要目标是刻画地理类型区和地域综合体多要素协同演化规律。这一地理科学研究范式的科学假设为：共存于同一系统中的地理要素具有相互作用、相互依存、协同演化的特征。宏观地理区域时空行为演化特征影响微观区域变化进程；微观区域的特征改变也会传递到宏观区域。当变化积累到一定程度会改变陆地表层系统的整体行为，并导致其原有功能退化。地理系统科学研究范式在很大程度上改变了人们以往认识自然和社会地理现象的路径，应用的实验数据种类丰富，采用统计分析、动力分析、模型模拟、要素集成、层次集成等方法才能实现对系统的理解和认识。

地理系统科学研究范式着重分析多尺度地理类型和地域综合体的时空变化规律，并探讨整体系统演化的驱动机制，理解系统多重临界状态的外在表现形式，以及陆地表层的组成、层次相互反馈的过程。只有对上述事实充分理解才能真正对陆地表层系统、人类赖以生存的环境采取真正有效的调控措施。如今，中国在不同区域面临各种环境问题，要想真正、有效地加以治理，基于系统科学的地理学研究范式认识地表过程是解决问题的前提。诚然，地理系统科学研究范式很重要，但是方法、技术、理论尚不成熟，需要进行长期探索。

（四）地理大数据研究范式

“大数据”是信息科学提出的概念，到目前为止尚无统一的定义，但是，从信息领域、商业领域和其他自然科学领域都给出了自己的理解。在此介绍麦肯锡全球研究所给出的定义：“一种规模大到在获取、存储、管理、分析方面超出了传统数据库软件工具能力范围的数据集合，具有海量的数据规模、快捷的数据流转、多样的数据类型和价值密度低四大特征”。目前，大数据广泛应用于商业管理、行业管理以及公共决策等方面。在科学研究中如何应用大数据解释自然现象、发现自然规律则是一个全新问题。简单地将“小数据”的思维模式应用到大数据研究中是对利用大数据的一种误读。从地理学的研究出发，传统“小数据”的获取是针对不同的地理事实设计的数据采集方法和技术，所获取的数据对地理事实具有较强的指示意义。从数据本身的变化可以直接理解地理事实的变化特征。大数据则不然，数据产生带有“自发性”，并非针对理解地理事实而设计，数据本身与地理事实相去甚远。大数据是公共财富，用好了事半功倍，用不好谬以千里。

当前，大数据为地理学研究的深化和从地理学的视角解决社会需求问题都提供了一种新的思路和模式。在应用大数据研究时应注意两个问题：首先是数据挖掘。数据挖掘的核心要义是通过数据分析产生知识，这与大数据的意义完全相同。只是从大数据中挖掘知识的难度更大，需要创建新方法、新技术以期从大数据中获取更多有益的地理知识（杨振山等，2015）；其次是加强多尺度聚类分析。传统聚类分析是根据数据的亲疏关系聚类，以期获取对同一地理现象的空间认识。由于大数据与地理事实的内在联系较“疏”，因此，在寻求地理相似性的同时，更应强调多源数据、空间关系的特征，力求让分析结果更加贴近事实。

从以上论述可知，大数据的地理学研究范式的主要目的是刻画地理事件与地理要素的时空联系，进而揭示其发生的本质。其理论假设是地理事件与遥相关的地理要素是有内在联系的。在研究中应注意与信息科学、计算科学和地理科学方法的结合。对地理大数据科学范式的研究有望为短时间尺度地理事件发生的监测和预测提供有力的科学和技术支持。诚然，尽管大数据在地理学界“炒”得如火如荼，但是作为一个全新的科学范式，其本体特征尚未达成广泛共识。

从地理科学发展的历史与现状来看，地理经验科学研究范式奠定了地理学的基本性质，形成了地理学的本源特征。地理实证科学研究范式是当今地理学研究的潮流，使地理格局、过程研究不断深化，是地理学成熟的标志。地理系统科学研究范式是前沿，是全面认识陆地表层系统行为，促使地理学从“好看”到“好用”的关键环节。地理大数据研究范式则是探索，有可能为地理学，尤其是人文地理学的定量研究提供全新的路径。

由于人类对地球系统的研究还有许多未能触及，针对不同的问题应采用不同的研究范式加以解决。在科学研究过程中不同的科学研究范式在相当长的时间内是共存并用的。由于地球科学的复杂性，这一特征更加明显。

参考文献

[1] 蔡运龙, 叶超, 陈彦光, 等. 地理学方法论. 北京: 科学出版社, 2011.

[2] 陈彦光. 简单、复杂与地理分布模型的选择. 地理科学进展, 2015, 34(3): 321-329.

[3] 程昌秀, 史培军, 宋长青, 等. 地理大数据为地理复杂性研究提供新机遇. 地理学报, 2018,

73(8): 1397-1406.
[4] 程国栋, 肖洪浪, 傅伯杰, 等. 黑河流域生态—水文过程集成研究进展. 地球科学进展, 2014, 29(4): 431-437.
[5] 丁榕俊. 国际关系理论的复杂性转向: “复杂系统”研究. 北京: 外交学院, 2012.
[6] 樊杰. “人地关系地域系统”是综合研究地理格局形成与演变规律的理论基石. 地理学报, 2018, 73(4): 597-607.
[7] 傅伯杰, 冷疏影, 宋长青. 新时期地理学的特征与任务. 地理科学, 2015, 35(8): 939-945.
[8] 傅伯杰. 新时代自然地理学发展的思考. 地理科学进展, 2018, 37(1): 1-7.
[9] 高江波, 蔡运龙. 土地利用/土地覆被变化研究范式的转变. 中国人口·资源与环境, 2011, 21(10): 114-120.
[10] 高志球, 王介民. HEIFE 绿洲和沙漠地区大气边界层湍流混沌特性研究. 高原气象, 1998, 17(4): 397-402.
[11] 葛全胜, 赵名茶, 郑景云, 等. 中国陆地表层系统分区: 对黄秉维先生陆地表层系统理论的学习与实践. 地理科学, 2003, 23(1): 1-6.
[12] 郭慧泉, 张国友, 何书金. 近年来美国地理学研究热点问题. 地理研究. 2013, 32(7): 1375-1377.
[13] 何大韧, 刘宗华, 汪秉宏. 复杂系统与复杂网络. 北京: 高等教育出版社, 2012: 198-207.
[14] 胡小兵, 史培军, 汪明. 凝聚度: 描述与测度社会生态系统抗干扰能力的一种新特性. 中国科学: 信息科学, 2014, 44(11): 1467-1481.
[15] 黄秉维. 论地球系统科学与可持续发展战略科学基础(I). 地理学报, 1996, 51(4): 350-354.
[16] 李双成, 王羊, 蔡运龙. 复杂性科学视角下的地理学研究范式转型. 地理学报, 2010, 65(11): 1315-1324.
[17] 李双成, 刘金龙, 张才玉, 等. 生态系统服务研究动态及地理学研究范式. 地理学报, 2011, 65(11): 1619-1630.
[18] 李双成. 自然地理学研究范式. 北京: 科学出版社, 2013.
[19] 李新, 晋锐, 刘绍民, 等. 黑河遥感试验中尺度上推研究的进展与前瞻. 遥感学报, 2016, 20(5): 921-932.
[20] 刘海猛, 方创琳, 李咏红. 城镇化与生态环境“耦合魔方”的基本概念及框架. 地理学报, 2019, 74(8): 1489-1507.
[21] 刘嘉麒, 吕厚远, Negendank J. 等. 湖光岩玛珥湖全新世气候波动的周期性. 科学通报, 2000, 45(11): 1190-1195.
[22] 刘祖涵. 塔里木河流域气候—水文过程的复杂性与非线性. 上海: 华东师范大学, 2014.
[23] 六四六厂 2200、2111 队. 对爆炸讯号的要求. 石油地球物理勘探, 1972(7): 68-69.
[24] 陆松. 中国群死群伤火灾时空分布规律及影响因素研究. 合肥: 中国科技大学, 2012.
[25] 吕厚远. 渤海南部晚更新世以来的孢粉组合及古环境分析. 黄渤海海洋, 1989(2): 11-26.

[26] 马振刚, 李黎黎, 许学工. 自然地理学的大数据研究. 地理与地理信息科学, 2015, 31(3): 54-64.
[27] [美]梅拉妮・米歇尔著, 唐璐译. 复杂. 长沙: 湖南科学技术出版社, 2018: 1, 22-23.
[28] 浦汉昕. 中国地理学会在京召开座谈会讨论钱学森教授提倡的地球表层学与数量地理学. 地理学报, 1985, 40(3): 289-290.
[29] 钱学森, 于景元, 戴汝为. 一个科学新领域: 开放的复杂系统及其方法论. 自然杂志, 1990, 13(1): 3-10.
[30] 钱学森. 谈地理科学的内容及研究方法(在 1991 年 4 月 6 日中国地理学会“地理科学”讨论会上的发言). 地理学报, 1991, 46(3): 257-265.
[31] 盛茂, 李根生, 黄中伟, 等. 页岩气藏流固耦合渗流模型及有限元求解. 岩石力学与工程学报, 2013, 32(9): 1894-1900.
[32] 史凯, 刘春琼, 吴生虎. 基于 DCCA 方法的成都市市区与周边城镇大气污染长程相关性分析. 长江流域资源与环境, 2014, 23(11): 1633-1640.
[33] 史培军, 孙劭, 汪明, 等. 中国气候变化区划(1961～2010 年). 中国科学: 地球科学, 2014, 44(10): 2294-2306.
[34] 宋长青, 吕厚远, 孙湘君. 中国北方花粉—气候因子转换函数建立及应用. 科学通报, 1997, 42(20): 2182-2185.
[35] 宋长青, 冷疏影. 21 世纪中国地理学综合研究的主要领域. 地理学报, 2005, 60(4): 4-6.
[36] 宋长青. 地理学研究范式的思考. 地理科学进展, 2016, 35(1): 1-3.
[37] 宋长青, 葛岳静, 刘云刚, 等. 从地缘关系视角解析“一带一路”的行动路径. 地理研究, 2018a, 37(1): 3-19.
[38] 宋长青, 程昌秀, 史培军. 新时代地理复杂性的内涵. 地理学报, 2018b, 73(7): 1189-1198.
[39] 王卫国, 赵华柱, 谢应齐, 等. 北半球不同纬度臭氧层系统混沌吸引子的特征研究. 地球物理学报, 1997, 40(3): 317-324.
[40] 魏一鸣. 洪水灾害研究的复杂性理论. 自然杂志, 1999, 21(3): 139-142.
[41] 吴传钧. 论地理学的研究核心: 人地关系地域系统. 经济地理, 1991, 11(3): 1-5.
[42] 吴绍洪, 赵东升, 尹云鹤, 等. 自然地理学综合研究理论与实践之继承与创新. 地理学报, 2016, 71(9): 1484-1493.
[43] 吴生虎. 重度灰霾期间高浓度 PM2. 5 的时空分形演化及预测预警. 吉首: 吉首大学, 2016.
[44] 吴志峰, 柴彦威, 党安荣, 等. 地理学碰上“大数据”: 热反应与冷思考. 地理研究, 2015, 34(12): 2207-2221.
[45] 杨国安, 甘国辉. 人地系统复杂性思考. 科技导报, 2002(3): 58-60.
[46] 杨振山, 龙瀛, Douay N. 大数据对人文—经济地理学研究的促进与局限. 地理科学进展, 2015, 34(4): 410-417.
[47] 甄峰, 秦萧, 王波. 大数据时代的人文地理研究与应用实践. 人文地理, 2014, 29(3): 1-6.

[48] 周成虎. 地理元胞自动机研究. 北京: 科学出版社, 1999.

[49] Bowers M C, Gao J B, Tung W W. Long range correlations in tree ring chronologies of the USA: Variation within and across species. Geophysical Research Letters, 2013, 40(3): 568-572.

[50] Cioffi R C. Seeing it coming: A complexity approach to disasters and humanitarian crises. Complexity, 2014, 19(6): 95-108.

[51] Clauset A, Young M. Scale invariance in global terrorism. EPrint Arxiv: Physica, 2005, No. 0502014.

[52] Clauset A, Shalizi C R, Newman M E. Power-law distributions in empirical data. SIAM Review, 2009, 51(4): 661-703.

[53] Clauset A, Wiegel F W. A generalized aggregation-disintegration model for the frequency of severe terrorist attacks. Journal of Conflict Resolution, 2010, 54(1): 179-97.

[54] Gao B, Yang D W, Qin Y, et al. Change in frozen soils and its effect on regional hydrology, upper Heihe basin, northeastern Qinghai-Tibetan Plateau. The Cryosphere, 2018, 12(2): 657-673.

[55] Gao J B, Cao Y H, Tung W W, et al. Multiscale Analysis of Complex Time Series: Integration of Chaos and Random Fractal Theory, and Beyond. Hoboken: John Wiley & Sons, 2007.

[56] Hansen J, Ruedy R, Sato M, et al. Global surface temperature change. Reviews of Geophysics, 2010, 48: 1-29.

[57] Hey T, Tansley S, Tolle K. The Fourth Paradigm: Data-Intensive Scientific Discovery. Redmond, Washington: Microsoft Research, 2009: 8-10.

[58] Jiang B. Head tail breaks for visualization of city structure and dynamics. Cities, 2015, 43(3): 69-77.

[59] Liao K C, Yue M Y, Sun S W, et al. An evaluation of coupling coordination between tourism and inance. Sustainability, 2018, 10: 2320.

[60] Parvez I A, Nekrasova A, Kossobokov V. Earthquake hazard and risk assessment based on unified scaling law forearthquakes: State of Gujarat, India. Pure and Applied Geophysics, 2017, 174(3): 1441-1452.

[61] Philo C, Mitchell R, More A. Reconsidering quantitative geography: Things that count. Environment and Planning A, 1998, 30(2): 191-201.

[62] Shen S, Cheng C X, Yang J, et al. Visualized analysis of developing trends and hot topics in natural disaster research. PLOS One, 2018a, 13(1): e0191250.

[63] Shen S, Cheng C X, Song C Q, et al. Spatial distribution patterns of global natural disasters based on biclustering. Natural Hazards, 2018b, 92(3): 1809-1820.

[64] Song C Q, Yuan L H, Yang X F, et al. Ecological-hydrological processes in arid environment: Past, present and future. Journal of Geographical Sciences, 2017, 27(12): 1577-1594.

[65] Song C Q. Preface to the special issue on the ecological-hydrological processes in the Heihe River

Basin: Integrated research on observation, modeling and data analysis. Journal of Geographical Sciences, 2019, 29(9): 1437-1440.

[66] Sullivan D, Perry G L W. Spatial Simulation: Exploring Pattern and Process. Chichester: John Wiley & Sons, 2013: 213.

[67] Tao K, Barros A P. Using fractal downscaling of satellite precipitation products for hydro meteorological applications. Journal of Atmospheric and Oceanic Technology, 2010, 27(3): 409-427.

[68] Wang J F, Stein A, Gao B B, et al. A review of spatial sampling. Spatial Statistics, 2012, 2(1): 1-14.

[69] Wang J F, Zhang T L, Fu B J. A measure of spatial stratified heterogeneity. Ecological Indicators, 2016, 67: 250-256.

[70] Wang J, Yang H. Complex network-based analysis of air temperature data in China. Modern Physics Letters B, 2009, 23(14): 1781-1789.

[71] Yang D W, Gao B, Jiao Y, et al. A distributed scheme developed for eco-hydrological modeling in the upper Heihe River. Science China Earth Sciences, 2015, 58(1): 36-45.

[72] Zimmermann R S, Parlitz U. Observing spatio-temporal dynamics of excitable media using reservoir computing. Chaos: An Interdisciplinary Journal of Nonlinear Science, 2018, 28(4): 043118.

附件：黑河流域生态—水文过程集成研究重大研究计划建议

国家自然科学基金重大研究计划立项建议书

重大研究计划名称：黑河流域生态—水文过程集成研究

（一） 研究背景

1. 研究意义

自上世纪后半叶以来，由水资源短缺所引发的生产、生活和生态等问题引起国际社会的高度重视，在世界个别水资源严重短缺的国家和地区，甚至演化成国家之间或地区之间的冲突。为此，各国政府和科学界积极开展区域水文过程及其资源环境效应研究，为合理规划和利用水资源提供科学依据。近年来，随着涉水问题影响面的扩大和水科学研究的不断深入，研究的重点逐渐转向以流域为单元的生态—水文过程研究，旨在为流域环境综合管理奠定更为坚实的科学基础。

（1）流域生态—水文过程研究的社会意义及相应的国际行动计划

近年来，各国政府和科学界充分认识到资源和能源已成为区域可持续发展的重要基础，水作为一种多功能性的资源和多种环境过程的介质和纽带，备受关注。2002 年在约翰内斯堡召开的“世界可持续发展峰会”（World Summit on Sustainable

Development，WSSD）将水列为可持续发展五大课题之首，会议强调了加强对于水与发展、水与环境以及水管理等问题的关注。国际水资源管理的实践证明，以流域为单元进行水资源管理是最为行之有效的管理方式。为此，许多国家针对一些重要流域设立了相应的管理机构。如美国田纳西河流域、澳大利亚墨累—达令流域、欧洲的莱茵河流域等。另一方面，随着流域综合管理的需要，以流域为研究对象的流域科学开始逐渐形成，日益受到关注。

流域水资源管理遇到的重要难题之一是如何保证不同条件下的生态用水。众所周知，由于不合理的人类活动和高强度的开发利用，导致愈来愈多的生态环境问题，保护生态已成为各国政府面临的重要任务。在水资源短缺的今天，人们迫切要求了解不同生态保护水平下的生态需水量。要回答这些问题，必须从科学上更加深入理解生态与水文过程的相互作用。流域水资源管理和学科发展的需求，为生态水文学的迅速发展创造了良好条件，现已形成基本的学科框架。基于生态水文学在流域管理过程中的实用性，联合国教科文组织国际水文计划 UNESCO/IHP（United Nations Educational，Scientific and Cultural Organization/International Hydrological Programme）第五阶段计划特别强调以流域为基础，从河流系统与自然、社会经济的联系中，理解生物和物理过程的整体特征，从而提高流域水资源的管理水平。2007 年 UNESCO/IHP 第七阶段计划将流域生态水文列为核心研究内容。

从科学发展的需要出发，一些国家先后建立了大型观测网络。“欧洲典型试验流域生态—水文观测网”（European Network of Experimental and Representative Basins，ENERB）、“美国半干旱水文和河岸可持续性计划”（Sustainability of semi-Arid Hydrology and Riparian Areas，SAHRA）等生态—水文观测试验计划是近年来生态水文学观测研究的代表。这些大型观测和研究计划的实施为认识和解决复杂的流域资源环境问题奠定了重要科学基础（Vertessy，2001）。

（2）中国开展内陆河流域生态—水文过程研究的紧迫国家需求

占全国陆地面积 1/3 的中国内陆河流域集中分布在西北干旱区，地跨甘、宁、青、新和内蒙古的西部地区。由于光热条件的优良组合，全国棉花和春小麦最高单产纪录均出现在本区。本地区矿产资源丰富多样，居全国首位的矿种有 26 种，居前五位的有 62 种，显示了内陆河流域在中国经济发展中的重要地位。同时，该区域也是中国的生态脆弱区，在很大程度上成为我国，特别是华北地区生态安全的重要屏障。

中国的内陆河流域大部分地区年降水量低于 200 mm，水资源量仅占全国的 5%。面积不到 10%的绿洲（约 8.0×10^4 km^2）却养育着约 2 500 万人口，是干旱区人类主要的生存环境。在气候变化和人为因素影响下，荒漠化、盐碱化、沙尘暴等生态环境问题直接威胁着区域可持续发展。目前中国干旱内陆河流域出现的环境问题和未来的发展问题无一不与区域水文、水资源状况相关。在气候变暖加剧、经济快速发展的背景下，中国西北干旱区在 21 世纪中叶水资源尚有巨大的缺口（王浩等，2003）。

为了解决西北地区面临的日益严峻的生存环境问题，国家先后投入巨资进行生态环境治理。据统计，国家在“十五”计划以来已先后在新疆塔里木河流域、黑河流域和石羊河流域、“三江源”、甘南和青海湖流域投资近 400 亿元用于生态建设和水资源保护工程。这些重大战略举措表明，国家对干旱区水问题、生态问题的高度重视，希望通过水利工程和生态工程措施缓解经济社会发展、生态环境保护和水资源短缺之间的矛盾。针对水利工程和生态工程措施的效果，急需进一步从科学上加以深入研究，并作出准确的判断。

水资源是联系经济发展和生态环境建设的纽带，理解水资源问题是解决水与生态之间矛盾的核心。但毋庸置疑，目前流域生态用水和生产用水矛盾突出，绿洲开发无序，导致流域生态环境特别是下游生态环境恶化。造成这种局面的根源之一是对流域水与生态的关系研究滞后，对干旱区水—气候—生态—经济的相互关系和演化规律的认识水平不能适应社会经济的快速发展，对水—气候—生态—经济系统中生态与水文规律缺乏系统性认识。

因此，开展内陆河流域生态—水文集成研究，探讨内陆河流域水循环及其在环境变化和人类活动下的响应模式，研究水资源的演变规律，从水—生态—经济的角度为管好水、用好水提供科学依据，已成为事关国家西部可持续发展的重大战略问题。

（3）开展内陆河流域生态—水文过程集成研究的科学意义及学科引领地位

近年来，陆地表层系统研究作为地球系统中重要的研究领域，受到地球科学各分支学科的高度重视。传统地理学以还原论的思维方式，将地表环境要素进行分解式研究，力求对单一环境要素进行基于物理机制的精确刻画，对环境空间分异予以静态的描述，对地理过程研究基于点上表达。随着学科发展，人们发现地球表层是一个复杂系统，环境要素存在着本质的内在联系，人类活动已经成为驱动地理过程的不可忽视的重要因素。因此，以系统的思路，开展多要素耦合、由点至面的多尺度研究势在必行。陆地表层系统研究已成为国际地球和环境科学研究前沿，一些国家设立了相应的研究计划，如美国科学基金会设立的耦合人与自然系统的研究计划（Coupled Human and Natural Systems，CHANS）。从整体出发的地球系统研究对于认识陆地表层系统中水、土、气、生、人相互作用，深入理解地球系统具有重要意义。

中国干旱内陆河流域虽然是一个复杂系统，但其空间界限明确，生物环境特征独特，无论在自然环境各子系统间还是在自然—经济系统间，水的纽带作用突出，因而是开展陆地表层系统综合研究和区域和系统性集成研究的理想"区域操作平台"。另外，"十五"计划以来国家在内陆河流域开展了一系列研究项目，例如，中国科学院西部项目群中的"黑河流域水—生态—经济系统综合管理试验示范"和"黑河流域遥感—地面观测同步试验与综合模拟平台建设"项目，国家自然科学基金委"我国西部生态环境重大科学研究计划"等多个项目，在生态水文、生态恢复、同位素水文学、水环境、生态经济与可持续发展等领域取得了阶段性研究成果，初步构建了数字流域、野外实验观测、试验示范平台，形成了一支致力于流域科学发展的科技创新队伍。通过该计划的实施，有望提升陆地表层系统集成研究的水平，形成干旱内陆河研究的方法、技术体系，保持我国在该领域的国际重要地位。

2. 国内外研究现状、趋势与挑战

随着地理学、生态学等分支学科研究的不断深化，对区域单一环境要素物理、化学和生物过程的认识不断深入，为从流域角度开展系统研究提供了基础。同时，流域多要素相互作用研究在一定程度上引导着各分支学科的发展方向。

（1）干旱区流域水文、水资源过程研究得到了长足发展

近年来以流域为中心的干旱区水文过程研究已成为国际学界研究的前沿，一些学术组织和资助机构纷纷推出具有区域特色和全球代表性的研究计划。例如半干旱热带地区水文大气先行性研究计划（HAPEX-Sahel），半干旱区陆面—大气研究计划（SALSA）以及黑河流域地区地气相互作用观测试验研究计划（HEIFE）等。美国科学基金会（National Science Foundation，NSF）于 2000 年实施的 SAHRA 计划，以流

域为单元重点强调三方面的研究，即：流域尺度水量平衡、河流系统和集成模拟，强调水科学研究中的多学科交叉、强调区域模型集成耦合、强调流域尺度综合，从而为区域水资源可持续利用提供有力支持。在该计划的支持下美国科学家对北方流域进行了地下水、土壤、冻土、积雪层、枯枝落叶层、林冠层和大气层之间的能量、水量和溶质通量交换过程的系统研究，推动了以流域为单元的综合观测、试验和模拟研究。

由于流域水文变量的空间变异大、资料缺乏，以及多尺度水文过程并存，通过流域水文模拟是解决、理解和认识流域水文过程和水资源形成过程的主要手段。针对基本流域单元水文建模方法中的闭合关系确定方法这一问题，Lee 等人建立了 CREW 水文模型，提出了确定闭合关系的理论推导和简化过程分析方法，成功地应用于小流域的降雨、径流和土壤动力学过程预测（Lee et al.，2007）。ATFLOOD 模型结合详细的观测数据对河川流量、土壤水分、蒸发、积雪融雪和地下水流量进行验证（Bingeman et al.，2006）。美国农业部农业研究局（Agricultural Research Service，ARS）开发了能表达流域尺度水文过程的 SWAT 模型，模拟地表水和地下水水质和水量，预测土地管理措施对不同土壤类型、土地利用方式和管理条件的大尺度复杂流域的水文、泥沙和农业化学物质产量的影响（Arnold et al.，2000；Abbaspour et al.，2007）。

数字流域技术发展为流域模型开发创造了更好的条件。20 世纪 80 年代初期，O'Callaghan 与 Mark（1984）首先提出了利用网格型 DEM 表达区域地貌形态，按陡坡度方向确定地表汇流方向、生成河道网的方法。在此基础上，利用生成的河道网进行流域划分、地形特征和汇流特性分析（Tarboton，1988、1991）。这些成果被 ARC/INFO 及 ArcView 等地理空间分析软件所采用，为分布式流域水文模拟带来了极大方便。另一方面，随着对地观测技术的进步，结合地表观测数据相继建成不同区域的地表环境数据库，对植被参数、蒸发量、土壤含水率及地表温度等基础数据有更加丰富的积累，为模型精度的提高、模拟结果的验证创造了更好的条件。

中国的内陆河流域生态环境质量退化现状已引起科学家和国家政府的极大关注。面对区域发展对科学的需求和学科自身发展的需要，近年来，中国科学家围绕内陆河流开展了大量的水文、水资源方面的研究，并取得一些可喜的成果。

自 1999 年以来，国家重点基础研究发展规划先后设立了多个与流域水文研究相关的项目，如“黄河流域水资源演化规律与可再生性维持机理”“海河流域水循环演变机理与水资源高效利用”等。在此之前相关部门设立了一批国家重点科技攻关项目，如“冰雪水资源和出山口径流量变化和趋势预测研究”“河西走廊黑河流域山区水资源变化和山前水资源转化监测研究”等。国家自然科学基金委员会在“十五”计划期间设立“中国西部环境和生态重大研究计划”等。这些研究大大地提高了我国流域水文、水资源研究的水平。从微观上，通过植物根际—叶—气界面水分迁移试验与模拟研究，更加深入地理解了大气—土壤—植被的水文循环机理。从多要素的尺度出发，提出以水为纽带的水—生态—经济相依相制的定量分析方法和二元水文循环模式，特别强调了人文因素在水循环中的关键作用。

正确认识和评价人类活动对流域水循环的影响是流域水文科学发展中的新课题。尤其是在一些欠发达干旱地区，人类活动正在成为或已成为驱动水循环方式的主要动力之一。二元水文循环概念的提出为我们更好地理解水循环的过程特征提供了理论基础。通过自然和社会水循环的综合研究，初步确定了经济发展与生态保护双重目标的定量权衡方法，试图寻找内陆干旱区水资源开发利用中一系列“度”的科学依据（Xia and Wang，2001）。在干旱区的研究中已经形成以水资源配置为核心的生态经济研究方向（Chen and Xia，1999；Xia and Tackeuchi，1999）。

随着遥感技术、地理信息系统、同位素技术广泛应用到水文学的各个领域，水文学取得了突破性的进展。以黑河流域为例，通过多年的努力，已建立了内陆河流域水文—土壤—植被—大气相互作用综合观测试验系统，完成了流域典型区植被冠层、残留层、积雪层、冻土层、土壤层等的能水和物质传输物理过程的同步对比观测试验研究。开展了以植物生长量和植被盖度指数等作为目标函数，以水盐转化、土壤因子、气象因子函数等作为约束条件，结合水文过程，进行区域水文与生态过程耦合的研究。

挑战一：干旱区流域水文、水资源过程研究取得重要进展的同时，迫切需要理解人类活动影响下的流域复杂系统中的水文、水资源变异规律。

（2）干旱区流域不同尺度生态—水文过程的认识不断深化

内陆河流域的大部分地区为干旱区，研究发现，植物长期适应干旱环境形成了独特的水分利用方式和水分关系。例如干旱区深根性植物可以将深层土壤水，甚至是浅层地下水通过根系提升到浅根系植物的根际圈后释放到土壤中，供浅根系植物吸收利用（Richards et al.，1987；Schulze et al.，1998）。有的植物通过利用地下水来抵抗干旱环境，例如中亚荒漠关键种多枝柽柳和梭梭表现出不同的用水策略，根系功能型的不同决定了前者的生存依赖地下水，后者生存直接依靠大气降水（Xu and Li，2006）。有的植物具有独特的解剖结构和水分生理代谢方式来适应高温强光并获取高的生物量，如荒漠植物梭梭和沙拐枣具有花环结构，通过 C4 光合途径而不是 C3 途径利用水分固定 CO_2，表现出高的水分利用效率和生产力（Su et al.，2004）。

植物的水分对策是干旱区地下水—土壤—植物—大气连续体系（GSPAC）水传输的核心问题。热脉冲技术及其他相关技术的应用，已经对 GSPAC 中观测点尺度的不同界面水分传输过程有了基本的认识，对个体甚至群落尺度以下的植物的耗水规律也有了初步了解。但对植被覆盖度很小而又不连续的干旱区土壤与植被之间水文和微气候间反馈的了解仍然是初步的（Baird and Wilby，1998）。

景观生态学中景观格局与生态过程的理论在生态—水文过程研究中发挥了重要作用。这一理论可以应用在样地、坡面、小流域、流域直至区域等不同尺度上。景观格局是生态—水文过程产生的基础，格局动态是生态—水文过程演变的重要诱因，干旱区植被格局则主要受生态过程和水文过程控制，两者相互作用强烈。生态—水文过程与景观格局的动力学研究是一个重要的研究热点（Ludwig et al.，2004）。现有的研究都是将生态过程与水文过程割裂进行，生态学家重视植被格局动态和更新（Montaña et al.，2001）及植物生产力（Freudenberger and Hiernaux，2001）等生态过程的研究，水文学家则重视对土壤水分平衡、地表径流和坡面侵蚀过程的研究（Galle et al.，2001；Greene et al.，2001）。干旱半干旱景观是生态—水文耦合的系统，包括不同尺度上水平和垂直方向的能量流动和相互作用过程，均非常需要进行耦合研究。带状植被（banded vegetation）和斑块状植被（patchy vegetation）是干旱区重要的植被格局，甚至在极端干旱和放牧压力条件下仍表现得相当的稳定，这种格局是干旱区水文和生态过程长期作用的结果。近年来，学界越来越重视对生态格局的水文控制机理的研究，关注降水事件后带状植被和带间土壤对径流的影响以及土壤持水特征的变化。其次，更加关注不同降水条件下，土壤水的行为以及对植被生产力的直接和间接影响。基于生态过程与水文过程的深入认识，学者提出了带状植被形成的诱发—迁移—储备—脉动（trigger-transfer-reserve-pulse，TTRP）概念模型，很好地解释了干旱区水文控制的生态格局的形成过程（Ludwig et al.，2004）。在内陆河流域山区发育着典型森林生态系统，森林生态系统的分布不仅受降雨、温度的控制，而且由于山地地形效应的影响使得这种格局变得更为复杂。近年来生态学的中性理论（Volkov et al.，2003）认为群落中植物种的扩散特性决定了群落和生态系统的空间分布格局，这对传统生态位理论（Whittaker，1972）是个极大的挑战（Chave et al.，2002）。生态—水文过程研究有可能通过降尺度研究解释两种理论的合理适用范围。

尺度问题一直是生态—水文过程的关键问题。生态水文学研究中必须要解决水文尺度和生态尺度在空间域上的对应关系，即将数据调查建立在既适用于生态学、又适用于水文学的尺度，而这一适宜尺度的确定需要多尺度的系统的工作。景观格局和生态—水文过程的尺度推绎同样存在困难。景观格局在不同尺度下主导因素不一，气候特征及变化在大尺度范围内主导景观格局的发生及发展动态，中小尺度上则更多地受地形地貌和土壤特性以及生物作用的影响。生态—水文过程发生的机制随尺度变动也发生明显的变化。针对这一问题，国际上相继开展了大量多尺度生态水文观测计划，并将蒸散过程作为重要的研究切入点予以关注。如美国大气海洋局和国家自然科学基金会联合启动的“阿贡国家实验室边界层试验/陆面地气交换过程综合研究计划”（Argonne National Laboratory Boundary Layer Experiment/Cooperative Atmosphere-Surface Exchange Study，ABLE/CASES）、德国气象部门启动的“林登伯格非均质陆面地气流长期研究计划”（Lindenberg Inhomogeneous Terrain-Fluxes Between Atmosphere and Surface：a long-term study，LITFASS-2003）、“栅格/像元尺度蒸散发观测计划”（The Evaporation at Grid/Pixel Scale，EVA-GRIPS）、斯堪的纳维亚政府启动的“北半球气候变化过程陆面试验”（Northern Hemisphere Climate-Processes Land-Surface Experiment，NOPEX）以及澳大利亚研究理事会（Australian Research Council，ARC）资助的“多尺度观测计划”（Observations at Several Interacting Scales，OASIS）等。其中2003年德国气象机构开展了针对异质地表的网格（像元）多尺度蒸散项目，应用微气候通量站、闪烁仪结合地面遥感设备获取了不同地表通量的数据，应用气象卫星数据同步获取地表通量，再应用土壤—植被—大气传输模型、大涡度模拟模型和中尺度模型研究了异质地表下的蒸散及其尺度转换问题。Clengh 等人（2005）利用澳大利亚 OASIS 野外观测计划期间获得的数据，应用连续边界收支的方法估算了 100 km^2 的区域内的蒸散发量。Denmead 和 Raupach 利用航空观测和地表观测相结合的方法探讨了区域尺度的蒸散发（Beyrich and Mengelkamp，2006）。这些研究为开展内陆河流域多尺度生态—水文研究提供了宝贵的经验。

综上所述，从个体到多尺度的生态—水文过程的认识逐渐深化，对干旱区植被格局的生态—水文调控机理有了较深入认识，这些都奠定了内陆河流域生态—水文集成研究的基础。

挑战二：在理解干旱区植被对水文过程影响、水文条件对生态过程影响的基础上，迫切需要理解水文—生态的耦合作用关系，以及多尺度转化机理。

（3）水分垂向运移交换过程及生态效应建模研究取得初步成果

在研究水分循环和水分能量平衡过程中，人们逐渐认识到，水循环的微观行为与宏观行为存在着较大的差异。不同空间尺度降水、径流、蒸发展现出复杂性质。SPAC系统用连续的、系统的、动态的观点和定量的方法来研究水分运移、热能传输的物理学和生理学机理，在一定程度能够阐明水分微观运移规律。

水分垂向运移作为水文学研究的重点，关注地表水、土壤入渗—蒸散过程和地下水文过程规律。不同专业领域的学者都以各自的学术背景为基础，进行水分垂向运移的试验研究，并开发出了能够在一定程度上理解特定区域地表水—地下水耦合过程的模拟模型。这些模型包括：① 地表水文学领域提出的TopModel（Beven and Kirlkby，1979）、SWAT（Arnold，1993）、SHE（Abbott et al.，1986）、MIKE SHE（丹麦水力研究所，DHI）、WEP（Jia et al.，2001；贾仰文等，2006）、WATLAC（Zhang and Li，2009; Zhang and Werner，2009），② 大气—土壤水领域提出的VIC-Ground（Liang et al.，2003），③ 水文地质领域提出的MODFLOW（McDonald and Harbaugh，1988; Harbaugh and McDonald，1996）、PGMS（陈崇希等，2007）、GSFLOW（Markstrom et al.，2008）等。以上水文模型在处理地表水、土壤水、地下水方面实现了两个或三个因素的耦合模拟。对单点的水分垂向运移在地表以上已有相对完整的机理和过程的认识和实测数据的验证，比如基于能水平衡的地表蒸发，融雪、融冰过程等水热过程模拟有着完善的数学描述体系。一维水分垂向运移模拟的成功促使水分垂向运移研究由单点向区域尺度的发展。

土壤水分是“四水”转化的关键环节。研究较为复杂条件下的土壤水分运动最有效的办法是采用数值计算方法，非饱和土壤水动力学参数的确定是数值模拟工作的基础。因此，流域尺度土壤动力学参数的确定仍然是关键。通过数字高程模型结合回归分析对土壤参数的空间分布进行了大尺度的分析和预测，土壤水力参数精度的提高直接影响土壤体系数值模拟结果的准确性（Van Alphen，2001）。在土壤水—潜水相互作用研究方面，已经建立了相对完善的非饱和一维流动方程（雷志栋和谢森传，1982；杨诗秀等，1985；康绍忠和张建华，1997），人们尝试建立非饱和土壤水二维流动数学模型（张思聪等，1985；杨金忠，1989；袁镒吾，1990；许秀元，1997），由于内陆河流域复杂性，二维非饱和流的数值模拟大多还停留在实验室阶段。因此，对人为因子造成的间歇性地表流影响下的土壤水—潜水相互转化和水分运动的二维研究和模拟有待进一步加强。

在点尺度上，依据 Richards 方程的土壤水运动模型已从一维发展到三维，并与根系生长模型或植物生长模型进行耦合，来定量刻画不同生态系统 SPAC 中土壤水分、植物生长的动态。结合土壤水热条件，在田间实验的基础上对单点土壤非饱和方程进行了修正。近年来，在内陆河流域，开展了土壤水分与植被密度、生产力和多样性关系的探讨。在农田或生态系统斑块尺度上，由于土壤性质的空间变异性，基于点的土壤水运动模型，结合地统计学原理，建立了空间上随机土壤水分运动模型，来定量分析土壤水分时空演化动态。在流域尺度上，实现了点尺度模型与 GIS 的紧密结合，或与流域的水文模型结合，进行不同土地利用和覆盖下土壤水分动态的分析，确定流域最佳土地利用模式。

内陆河多个沉积盆地之间地表水、地下水的转换更是历经接触式与非接触式的多次变化，加剧了地表水—土壤水—地下水垂向运移的复杂性。针对内陆河地区提出的地表水与地下水二元耦合模型，耦合“四水”转化模型和地下水数学模拟模型，充分发挥经验水文模型和地下水动力学模型的各自优点，并弥补各自的不足或缺陷，从而实现既可定量描述内陆河流域地下水的动态变化规律，又可在一定程度上刻画大气降水、地表水、土壤水和地下水之间的相互转化关系，为流域水文模拟的发展奠定基础。

水分垂向运动的生态效应研究以水文—生态集成研究和模拟为主，在研究过程中既要考虑植物生理生态过程和光能效率等问题，又要考虑尺度问题，如从气孔、叶片、单株到全球尺度。以上集成研究决定生态效应模型的时间分辨率可从分钟至年，有些可以实现与全球气候模型（Global Climate Model，GCM）的耦合。已建立的土壤水和植物生长的耦合动力模型，可以初步定量解释植被分布格局—功能的时空演化的动力学机制及植被与降水或土壤水的关系，并正在被应用于干旱区内陆河流域植被构建模式的定量分析研究中。

虽然水分垂向运移交换与生态效应建模方面研究取得了一定成果，但由于对地表水与地下水转换的多个界面了解少，界面水文过程建模理论缺乏，造成对水分垂向运移机理的认识模糊。特别是内陆河地区地表水与地下水之间往往并非直接接触，两种水体之间存在一个包气带，厚达数十至上百米，其水分含量处于非饱和状态，导致地表水、地下水之间的转化存在滞后效应，给水分垂向运移交换认识和模拟带来困难。

挑战三：在理解和认识水分垂向交换过程的基础上，迫切需要揭示水分转化与循环的生态响应模式。

（4）相对完善的流域生态—水文观测网络和数据模型平台

目前，无论在内陆河流水文、水资源过程研究，对不同尺度生态—水文过程的认识，还是在水分垂向运移交换过程及生态效应建模方面都取得了长足的进展。但因在观测体系的规范化、数据集标准与质量控制以及模型平台建设方面的不足，仍然限制了包括过程理解、耦合机制、尺度转化等基础研究的深入，乃至成为发展流域决策支持系统的瓶颈。全球大气和水文循环模型难以准确预测流域尺度的水文过程（www.ucar.edu），既缺少高分辨率的遥感观测（Huntington，2006），又缺少地面试验，极大地影响了生态—水文过程的认识和建模（Molotch et al.，2005a、2005b）。正如美国 CLEANER（Committee on Collaborative Large-Scale Engineering Analysis Network for Environmental Research，National Research Council）科学实施计划指出“我们还不明确如何设计最优观测站网和实施具体观测内容；我们还缺乏对水文和生物地球化学过程在流域尺度或更大尺度上进行空间和时间综合观测的能力”（CLEANER，2006）。为了满足流域综合研究的需要，CLEANER 计划着手建设大尺度综合环境观测站网，国际水委员会 2005～2015 年“生命之水”十年计划也着手建立水资源观测网，筹建一个集数据采集、传输、发布的流域监测系统，澳大利亚联邦科学与工业研究组织水土分部为未来的流域科学强调数据、模拟、软件工程和团队战略（Vertessy，2001）。

在地理学从经验科学走向实验科学的进程中，地表过程的定量科学实验推动了地球系统科学的快速发展，许多观测实验甚至成为一个阶段科学认识和研究方法进步的里程碑（Sellers et al.，1988）。中国科学家也非常重视观测系统建设，先后开展黑河试验（Heihe River Basin Field Experiment，HEIFE，1989～1993）、内蒙古半干旱草原土壤—植被—大气相互作用（Inner Mongolia Semiarid Grassland Soil-Vegetation-Atmosphere Interaction，IMGRASS）、黑河综合遥感联合试验（李新等，2008）等重要影响的观测项目。中国在地表热量与水分平衡、地理环境中的生物化学循环、生物群落与环境的关系以及景观格局与过程等方面都开展了长期观测，取得了显著成绩，建成了具有国际先进水平的生态系统联网观测系统。但是，至目前为止还没有建立针对流域综合的观测系统，严重影响了流域尺度上生态—水文过程研究进程。

随着数字计算、数据信息处理和网络环境建设以及计算机模拟技术的应用，在传统理论分析、实验观察两个经典的研究方法基础上，正形成基于现代技术支持下的多要素、多尺度分析方法，可以对长期、分布式、静态数据进行有效的管理和描述，力求建立描述流域数据，数据格式、质量控制、数据交换格式以及转换元数据系统，开发数据准备、融合、挖掘、发现和可视化的工具，搭建陆面数据、实时多源遥感观测数据融合的同化系统，进而生成高分辨率的、时空一致性的高质量数据集，保证科研团队跨时间、跨区域、跨部门甚至跨学科间实现共享和协作。

挑战四：在获取大量长期生态、水文观测数据的基础上，必须建立干旱区流域生态—水文观测范式和模型集成平台。

（5）形成了流域水—生态—经济系统研究的思路，集成流域管理研究成为趋势

目前，以流域为单元对水资源进行综合开发与统一管理，已为许多国际组织所接受和推荐。1968 年，欧洲议会通过的《欧洲水宪章》（*European Water Charter*），提出水资源管理不应受行政区域管理的局限，以流域为基础，建议成立相应水资源管理机构。在联合国环境与发展会议通过的《21 世纪议程》（*Agenda 21*）全面阐述了流域水资源管理的目标和任务，强调根据各国的社会、经济情况，制定水资源管理的目标。

从可持续发展和资源优化管理的角度出发，国际上开展了流域科学相关研究，形成流域水—生态—经济系统研究的框架思路（GWP，2000）。回顾流域水管理的发展过程，可分三个主流方向。20 世纪 80 年代以前流域管理主要以水利工程、水电开发、水运等管理为主（Vertessy，2001）。20 世纪 80 年代后，为了应对全球变化、整合人与自然系统，在 Brooks（1985）出版的《生命之河》（*The Living River*）之后，流域研究转而面向河道恢复、河流生态治理、洪水预报、休闲规划等综合治理，如美国内陆河 Trukee River Flood Project 计划自 2003 年以来不懈地实施“生命之河”计划（http://truckeeflood.us/55/ living_river.html），推动了流域生态管理从理念走向实践。

20 世纪末全球水伙伴计划（Global Water Partnership，GWP）提出的集成水资源管理着重建立以水权、水市场理论为基础的水资源管理体制，形成以经济手段为主的节水机制，以期提高水资源利用率，促进经济、资源、环境协调发展，公众参与的、流域尺度的、水文、生态、经济综合的流域集成水资源管理已步入实质性的研究阶段。

集成流域管理注重水—生态系统管理和水—市场管理两个方面。前者重视水资源的生态价值，关注生态用水。以水为主线，采用多尺度的途径和综合分析相平衡的方法，认识流域生态过程与水文循环之间的关系，把握土壤—生物系统的作用机理，集成生态恢复技术体系。生态系统健康管理、生物多样性管理成为其中的重要主题。同时，流域水—生态管理力求衔接市场机制（Rockström and Gordon，2001）。水—市场管理结合行政立法、部门管理、利益分割追求流域福利最大化，运用水权、水价理论调控水资源内部分配效益，通过水资源社会化管理提高水资源外部分配效益，将自然资源稀缺问题转向克服社会资源短缺问题，注重公众参与理论、技术和组织形式。流域水—生态—经济系统的水循环、水平衡成为重要基础支撑（Burton，2003）。

集成流域管理的代表性工作有 2000 年年底欧盟实施的水框架指令（World Framework Directive，WFD），致力于流域规划、河道恢复和湿地保护，实施流域为单元的整体保护；澳大利亚墨累—达令河流域实行地表水、地下水水权私有化，实现农业、河流和市场有机结合，政府购水以恢复断流河，三级流域管理机构（流域部长级会议、流域委员会和公众咨询协会）保证了流域水资源平等、高效、可持续利用（Kevin，2003）。

然而，历经半个多世纪发展的流域管理仍然是出自经验，主要以工程管理为主，生态管理处在起步阶段，市场机制还只是经验管理。可以说，没有各个国家通用的集成流域管理模式，只能客观地研究和分析某一种流域管理的特点和长处，在满足本国或本流域需求的前提下，逐步建立和发展流域科学的理论基础。

2007 年美国地质调查局（United States Geographical Survey，USGS）提交了全球第一个流域科学的研究计划（MI，2001；National Research Council，2007）。该计划将流域过程模拟与预测、环境流与河流恢复、沉积运移、地表水和地下水相互作用列为美国地质调查局流域科学优先领域，强调流域监测和数据集成等支撑体系。

中国流域水管理机构在代表水利部行使所在流域水行政主管职责中发挥了不可替代的作用，为促进流域内经济发展和社会进步做出了重要贡献。中国现行的流域水资源管理体制是在计划经济体制下产生的，存在许多的先天不足。经济社会的发展，社会主义市场经济体制的逐步建立，传统水利向现代水利、可持续发展水利的转变，以及水资源开发利用投资体制和利益格局的多元化，既给流域水资源的统一管理带来了机遇，也产生了一系列新问题、新矛盾。此外，在流域水资源管理的法制建设、经济运行机制、权属管理以及流域水资源管理的技术手段等方面，也亟须按照社会主义市场经济体制的要求进行改革和完善。

针对内陆河出现的生态环境问题和科学研究与管理的需求，各国科学家开始面向流域多要素集成研究，力求寻找解决流域问题的科学途径。首先，力求从流域尺度探讨水循环规律，进一步理解流域水文系统的生态环境功能，以及流域水文过程、生态过程和经济过程的相互关系。同时，深入探索多尺度生态过程与水文要素的内在联系。针对科学研究的需要，努力建立以流域出发点的立体观测系统。到目前为止，在一些典型流域已构建了以水、生态、人文活动等多方面的观测体系。

尽管世界各国结合自己的国情开展了大量研究，并对管理措施进行了改进，由于流域系统是一个动态、多变、非平衡、开放耗散的“非结构化”或“半结构化”系统，涉及自然和社会经济两大要素，对于流域的整体运行规律的认识存在明显不足，给流域水资源科学管理带来巨大困难。为此，需要对流域水—生态—经济系统变化规律进行深入理解。

挑战五：在流域水—生态—经济系统研究思路指导下，必须提高流域水资源合理配置能力，为流域集成管理提供技术支撑。

3. 国内研究基础和环境

（1）其他重大研究计划

国家自然科学基金委员会历来重视中国西部环境研究，在“十五”计划期间设立了“中国西部环境和生态科学研究计划”。其目标就是回答三大基本科学问题：西部的现代环境格局是如何形成的？人类活动在西部环境和生态的演化中起什么样的作用？西部环境和生态今后的发展趋势如何？在过去的研究中，我国科学家先后在西北干旱区、黄土高原地区以及西南喀斯特等地区围绕“西部环境系统的演化及未来趋势”“西部水循环过程与水资源可持续利用”“生态系统的可持续性”和“重大工程与环境”四大领域开展大量的工作。与本计划相比，这些从大区域、长时间跨度的生态与环境变化规划的研究，在流域尺度的系统性、多要素的复杂性等方面探索不够。

另外，中国科学院从区域示范的角度在“十五”计划期间支持了“黑河流域集成水资源管理研究”项目，该项目以提高水效益为目标，形成绿洲农田生态系统水肥管理技术体系，集成灌区尺度水效益提高技术，试验示范灌区尺度水资源管理；提出绿洲水效益提高模式和居延湿地保护对策，干旱区生态工程建设技术；明晰经济结构调整和经济增长方式转变途径，提出流域水管理决策依据和基本框架。但对本计划所关注的科学问题涉及甚少。

（2）国内有关单位的研究基础

在国家自然科学基金及其他部委重大项目的资助下，国内高等院校和研究所先后成长起一批围绕西部开展研究的团队和研究中心。如中国科学院寒区旱区环境与工程研究所、中国科学院新疆生态与地理研究所、中国科学院地理科学与资源研究所、中国科学院水利部水土保持研究所、中国科学院遥感应用研究所、中国科学院植物研究所、中国科学院西北高原生物研究所、中国科学院地球环境研究所、中国农业大学、北京师范大学、中国地质大学、兰州大学、中国水利水电科学研究院、中国气象科学研究院、中国林业科学研究院等，为实施研究计划奠定了良好基础。

中国科学院寒区旱区环境与工程研究所以黑河为基地开展了近 20 年的生态环境研究工作。对流域地表水文过程进行较为深入的研究；在典型城镇区域探讨了人类活动对水文循环、水资源的影响过程；对高山典型森林生态系统、绿洲生态系统和荒漠生态系统植被与水分相互作用过程有了初步的认识。中国地质大学以黑河流域为基地开展了大量地下水运移规律的研究。在了解流域地质构造的基础上，探讨黑河中游地区地下水与地表水的交换机制，并通过地下水与地表水联合模型进行精细描述，为解译河岸林变化过程提供科学依据。

中国科学院新疆生态与地理研究所长期从事干旱区环境与多尺度生态过程研究。

通过野外观测和控制实验探讨干旱区水分与植物地表形态的相互作用机制；研究了人为调控水分条件下对河岸林种子萌发的影响及宏观生态格局的形成规律。中国农业大学对干旱区典型植物根系发育过程与水分条件的关系进行深入研究，并建立了典型植物三维根系发育模式。

（3）数据观测基础

➢　**黑河流域已有数据基础**

中国科学院寒区旱区环境与工程研究所建立了“数字黑河”信息系统，包括基础地理背景数据（DEM、流域边界、行政边界、水系、道路等）；遥感数据（长时间序列的 AVHRR、MODIS、SPOT Vegetation 数据；中分辨率的 Landsat 和 ASTER 数据；高分辨率的 QuickBird 数据）；基础观测数据（气象、水文、地下水及通量观测数据）；试验及野外考察数据（2008 年开展的黑河综合遥感联合试验，1990 年开展的“黑河地区地—气相互作用野外观测实验研究”等试验数据）和专题数据（土地利用、地质及水文地质、地下水水文埋深、黑河中游河道剖面图、黑河中游灌区分布、渠系分布及灌溉用水和黑河中上游水库分布等数据）。为了满足黑河流域综合集成研究的需求，研究者不断地对黑河流域的基础数据资源进行持续收集和更新，已收集和整理的数据达到 1TB，基本完成了对黑河流域现有历史资料的收集，是中国流域尺度上数据资源最丰富的和数据共享程度最高的信息系统。

➢　**黑河观测网络**

黑河流域是中国内陆河流域的研究基地，具有良好的研究基础和试验设备。在黑河上游冰雪冻土带、山地森林植被带、中游人工绿洲和荒漠带内设立有观测站点，针对流域内的气候、土壤、水文、生物等环境要素进行长期的定位观测。与甘肃省气象局、青海省气象局、甘肃省水文局及张掖市水务局等多家相关单位在项目合作和数据共享方面保持着密切联系。以科学研究为目标建立的野外观测站点，连同黑河流域内的 14 个业务气象站、75 个业务水文站，41 个区域站以及 50 余个地下水井观测，形成了包括常规、重点和重点加强水文气象观测站“三位一体”的黑河流域地面气象水文生态观测网，以满足不同层次分析和研究的需要。

➢　**黑河综合遥感联合试验**

“黑河综合遥感联合试验”是由中国科学院西部行动计划项目“黑河流域遥感—

地面观测同步试验与综合模拟平台建设”和国家重点基础研究发展计划项目“陆表生态环境要素主被动遥感协同反演理论和方法”共同组织支持。试验由寒区水文试验、森林水文试验、干旱区水文试验和水文气象试验组成，加强试验期在 2008 年 3～9 月间分阶段展开，共计 120 天，有 28 个单位 280 多名科研人员、研究生和工程技术人员参加。航空遥感共使用了五类机载遥感传感器，分别是微波辐射计（L、K 和 Ka 波段）、激光雷达、高光谱成像仪、热红外成像仪和多光谱 CCD 相机；累计飞行 26 次、110 小时。在地面试验方面，布置了由 12 个加强和超级自动气象站、6 个涡动相关通量站、2 个大孔径闪烁仪以及大量业务气象站和水文站组成的加密地面观测网，使用了车载降雨雷达、地基微波辐射计、地基散射计等地面遥感设备和大量自动观测仪器，在流域尺度、重点试验区、加密观测区和观测小区四个尺度上开展了密集的积雪参数、冻土参数、土壤水分、地表温度、反射率和反照率、植被结构参数、生物物理参数、生物化学参数的同步观测。在卫星遥感方面，获取了丰富的可见光/近红外、热红外、主被动微波、激光雷达等卫星数据。

参考文献

[1] 陈崇希, 胡立堂, 王旭升. 地下水流模拟系统 PGMS(1.0 版)简介. 水文地质工程地质, 2007(6): 1-2.

[2] 贾仰文, 王浩, 严登华. 黑河流域水循环系统的分布式模拟(I): 模型开发与验证. 水利学报, 2006, 37(5): 534-542.

[3] 康绍忠, 张建华. 不同土壤水分与温度条件下土根系统中水分传导的变化及其相关重要性. 农业工程学报, 2007, 13(2): 76-78.

[4] 雷志栋, 谢森传. 测定土壤水分运动参数的出流法研究. 水利学报, 1982 (11): 1-11.

[5] 李新, 马明国, 王建, 等. 黑河流域遥感—地面观测同步试验: 科学目标与试验方案. 地球科学进展, 2008, 23(9): 897-914.

[6] 王浩, 陈敏建, 秦大庸, 等. 西北地区水资源合理配置与承载力研究. 郑州: 黄河水利出版社, 2003.

[7] 许秀元. 河渠影响下土壤水—地下潜水联合运动的模拟研究. 水利学报, 1997(12): 21-28.

[8] 杨诗秀, 雷志栋, 谢森传. 均质土壤一维非饱和流动通用程序. 土壤学报, 1985, 22(1): 24-34.

[9] 杨金忠. 二维饱和与非饱和水分运动的理论及实验研究. 水利学报, 1989(4): 55-57.

[10] 袁镒吾. 求一类非线性振动微分方程的近似解的新方法. 力学与实践, 1990, 12(1): 49-51.

[11] 张思聪, 惠士博, 雷志栋, 等. 渗灌的非饱和土壤水二维流动的探讨. 土壤学报, 1985, 22(3): 209-222.

[12] Abbott M B, Bathurst J C, Cunge J A, et al. An introduction to the European Hydrological System-Systeme Hydrologique European, "SHE", 2: Structure of a physically-based, distributed modelling system. Journal of Hydrology, 1986, 87(1-2): 61-77.

[13] Arnold J G, Allen P M, Bernhardt G. A comprehensive surface-ground water flow model. Journal of Hydrology, 1993, 142(1-4): 47-69.

[14] Arnold J G, Muttiah R S, Srinivansan R, et al. Regional estimation of base flow and groundwater recharge in the Upper Mississippi River basin. Jounral of Hydrology, 2000, 227(1-4): 21-40.

[15] Abbaspour K C, Yang J, Maximov I, et al. Modelling of hydrology and water quality in the pre-alpine/alpine Thur watershed using SWAT. Journal of Hydrology, 2007, 333(2-4): 413-430.

[16] Beven K, Kirkby M J. A physically-based, variable contributing area model of basin hydrology. Hydrological Science Bulletin, 1979, 24: 43-69.

[17] Baird A J, Wilby R L. Ecohydrology: Plants and Water in Terrestrial and Aquatic Environments. London: Routledge, 1998.

[18] Beyrich F, Mengelkamp H T. Evaporation over a heterogeneous land surface: EVA_GRIPS and the LITFASS-2003 experiment-An overview. Boundary-Layer Meteorology, 2006, 121(1): 5-32.

[19] Bingeman A K, Kouwen N, Soulis E D. Validation of the hydrological processes in a hydrological model. Journal of Hydraulic Engineering, 2006, 11(5): 451-463.

[20] Brooks C E. The Living River. Winchester: Winchester Press, 1985.

[21] Chen J Q, Xia J. Facing the challenge: barriers to sustainable water resources development in China. Hydrological Science Journal, 1999, 44(4): 507-516.

[22] Chave J, Leigh E G. A spatially explicit neutral model of β-diversity in tropical forests. Theoretical of Population Biology, 2002, 62: 153-168.

[23] Cleugh H A, Raupach M R, Briggs P R, et al. Regional-scale heat and water vapour fluxes in an agricultural landscape: An evaluation of CBL budget methods at OASIS. Boundary-Layer Meteorology, 2004, 110(1): 99-137.

[24] CLEANER(Committee on the Collaborative Large-Scale Engineering Analysis Network for Environmental Research). CLEANER and NSF's Environmental Observatories. Washington D. C. : National Academies Press, 2006.

[25] National Research Council. River Science at the U. S. Geological Survey. Washington D. C. : National Academies Press, 2007.

[26] Freudenberger D O, Hiernaux P. Productivity of patterned vegetation. In: Tongway D J, Valentin C,

Seghieri J. Banded Vegetation Patterning in Arid and Semiarid Environments. Ecological Studies, 2001, 149: 198-209.

[27] Galle S, Brouwer J, Delhoume J P. Soil water balance. In: Tongway D J, Valentin C, Seghieri J. Banded Vegetation Patterning in Arid and Semiarid Environments. Ecological Studies, 2001, 149: 77-104.

[28] Greene R S B, Valentin C, Esteves M. Runoff and erosion processes. In: Tongway D J, Valentin C, Seghieri J. Banded Vegetation Patterning in Arid and Semiarid Environments. Ecological Studies, 2001, 149: 52-76.

[29] GWP (Global Water Partnership, Technical Advisory Committee). Integrated Water Resources Management. TAC background paper, No. 4, 2000.

[30] Harbaugh A W, McDonald M G. Programmer's documentation for MODFLOW-96, an update to the U. S. Geological Survey modular finite-difference ground-water flow model. USGS, Open-File Report. No. 96-486, 1996.

[31] Huntington T G. Evidence for intensification of the global water cycle: Review and synthesis. Journal of Hydrology, 2006, 319(1): 83-95.

[32] Jia Y, Ni G, Kawahara Y, et al. Development of WEP model and its application to an urban watershed. Hydrological Processes, 2001, 15(11): 2175-2194.

[33] Kevin F G. Environmental flows, river salinity and biodiversity conservation: managing trade-off in the Murray-Darling basin. Australia Journal of Botany, 2003, 51(6): 619-625.

[34] Liang X, Xie Z H, Huang M Y. A new parameterization for surface and groundwater interactions and its impact on water budgets with the variable infiltration capacity (VIC) land surface model. Journal of Geophysical Research, 2003, 108(D16): 8613.

[35] Ludwig J A, Wilcox B P, Breshears D D, et al. Vegetation patches and runoff-erosion as interacting ecohydrological processes in semiarid landscape. Ecology, 2004, 86(2): 288-297.

[36] Lee H, Zehe E, Sivapalan M. Predictions of rainfall-runoff response and soil moisture dynamics in a microscale catchment using the CREW model. Hydrological Earth System Science, 2007, 11: 819-849.

[37] McDonald M G, Harbaugh A W. A modular three-dimensional finite-difference ground-water flow model, Techniques of Water-Resources Investigations Report 06-Al. Techniques of Water-Resources Investigations of the U. S. Geological Survey, 1988: 588.

[38] MI(Meridian Institute). Final Report of the National Watershed Forum. Arlington, 2001.

[39] Montaña C, Seghieri J, Cornet A. Vegetation dynamics: recruitment and regeneration in two-phase mosaics. In: Tongway D J, Valentin C, Seghieri J. Banded Vegetation Patterning in Arid and Semiarid Environments. Ecological Studies, 149: 132-145.

[40] Molotch N P, Bales R C. Scaling snow observations from the point to the grid element: implications for observation network design. Water Resources Research, 2005a, 41(11): W11421.

[41] Molotch N P, Colee M T, Bales R C, et al. Estimating the spatial distribution of snow water equivalent in an alpine basin using binary regression tree models: the impact of digital elevation data and independent variable selection. Hydrological Processes, 2005b, 19(7): 1459-1479.

[42] Markstrom S L, Niswonger R G, Regan R S, et al. GSFLOW-Coupled Ground-water and Surface-water FLOW model based on the integration of the Precipitation-Runoff Modeling System (PRMS) and the Modular Ground-Water Flow Model (MODFLOW-2005). In: U. S. Geological Survey Techniques and Methods 6-D1, 2008.

[43] O'Callaghan J F, Mark D M. The extraction of drainage networks from digital elevation data. Computer Vision, Graphics, and Image Processing, 1984, 28(3): 323-344.

[44] Richards J H, Caldwell M M. Hydraulic lift: Substantial nocturnal water transport between soil layers by Artemisia tridentata roots. Oecologia, 1987, 73: 486-489.

[45] Rockström J, Gordon L. Assessment of green water flows to sustain major biomes of the world: Implications for future ecohydrological landscape management. Physical and Chemical of the Earth, Part B: Hydrology, Oceans and Atmosphere, 2001, 26(11-12): 843-851.

[46] Sellers P J, Hall F G, Asrar G, et al. The First ISLSCP Field Experiment(FIFE). Bulletin of American Meteorological Society, 1988, 69(1), 22-27.

[47] Schulze E D, Galdwell M M, Galdwell J, et al. Downward flux of water through roots (i. e. inverse hydraulic lift) in dry Kalahari sands. Oecologia, 1998, 115: 460-462.

[48] Su P X, Liu X M, Zhang L X. Comparison of $\delta^{13}C$ values and gas exchange of assimilating shoots of desert plants Haloxylon ammodendron and Calligonum mongolicum with other plants. Israel Journal of Plant Sciences, 2004, 52: 87-97.

[49] Tarboton D G, Bras R L, Rodriguez-Iturbe I. On the extraction of channel networks from digital elevation data. Hydrological Processes, 1991, 5(1): 81-100.

[50] Burton J. Integrated Water Resources Management on a Basin Level, A Training Manual. Montreal: Multimondes, 2003.

[51] Van Alphen B J, Stoorvogel J J. A methodology for precision nitrogen fertilisation in high-input farming systems. Precision Agriculture, 2000, 2: 319-332.

[52] Vertessy R. Integrated catchment science. Technical report for CSIRO land and water, 2001.

[53] Volkov I, Banavar J R, Hubbell S P, et al. Neutral theory and relative species abundance in ecology. Nature, 2003, 424: 1035-1037.

[54] Whittaker R H. Evolution and measurement of species diversity. Taxon, 1972, 21: 213-251.

[55] Xia J, Tackeuchi K. Introduction. Hydrological Science Journal, 1999, 44(4): 503-505.

[56] Xia J, Wang Z G. Eco-environment quality assessment: A quantifying method and case study in Ning Xia arid and semiarid region, China. In: Acreman M C. Hydro-Ecology: Linking Hydrolody and Aquatic Ecology. Waillingford: IAHS Press, 2001: 139-149.

[57] Xu H, Li Y. Water-use strategy of three central Asian desert shrubs and their responses to rain pulse events. Plant and Soil, 2006, 285: 5-17.

[58] Zhang Q, Werner A. Integrated surface-subsurface modeling of Fuxianhu Lake catchment, Southwest China. Water Resources Management, 2009, 23(11): 2189-2204.

[59] Zhang Q, Li L J. Development and application of an integrated surface runoff and groundwater flow model for a catchment of Lake Taihu watershed, China. Quaternary International, 2009, 208(1-2): 102-108.

（二） 科学目标

1. 科学目标

通过建立联结观测、实验、模拟、情景分析以及决策支持等环节的“以水为中心的生态—水文过程集成研究平台”，揭示植物个体、群落、生态系统、景观、流域等尺度生态—水文过程相互作用规律，刻画气候变化和人类活动影响下内陆河流域生态—水文过程机理，发展生态—水文过程尺度转换方法，建立耦合生态、水文和社会经济的流域集成模型，提升对内陆河流域水资源形成及其转化机制的认知水平和可持续性的调控能力，使我国流域生态水文研究进入国际先进行列。

2. 集成研究平台

为实现上述科学目标，建立联结观测、实验、模拟、情景分析以及决策支持等科学研究各个环节的“以水为中心的过程模拟集成研究平台”，是一条有效途径。这一集成研究平台的建设，以流域为单元，以生态—水文过程的分布式模拟为核心，重视生态、大气、水文及人文等过程特征尺度的数据转换和同化，以及不确定性问题的处理。由于数据问题始终是集成研究平台建设的瓶颈，研究将按模型驱动数据集、参数数据集及验证数据集建设的要求，布设野外地面观测和遥感观测，并开展典型流域的地空同步试验。加强集成平台建设的学术组织工作，包括：

- 观测规范和观测计划的制订和发布；
- 标准数据集（包括驱动数据集和参数集）的建立、发布和更新；
- 模型的对比和评估。

（三）核心科学问题

1. 干旱环境下植物水分利用效率及其对水分胁迫的适应机制

干旱区植物在长期适应干旱环境的演化过程中形成了独特的水分利用方式，了解不同空间尺度水分循环特征，植物个体、种群、群落、生态系统水分利用过程以及植物对水分胁迫的适应机制是提高干旱区水效益的重要基础。

2. 地表—地下水相互作用机理及其生态水文效应

地表水与地下水是干旱区重要的环境要素，也是干旱区生态过程重要的控制因子之一。了解地表水与地下水运移规律和交换过程是认识干旱区水文、水资源的基础，同时，也是理解区域生态过程的核心。

3. 不同尺度生态—水文过程机理与尺度转换方法

在干旱区内陆河流域，水文空间格局在一定程度决定了植被格局。特殊的植被格局深刻地影响着地表水文过程。认识和理解不同尺度生态—水文相互作用过程是揭示干旱区地表过程的关键。另一方面，由于不同学科研究尺度侧重点有所不同，造成研究结果的可比性差，表达的内涵不同，为此尺度转换已成为该研究领域关注的焦点，发展和完善尺度转换技术和方法是开展流域集成研究的核心问题之一。

4. 气候变化和人类活动影响下流域生态—水文过程的响应机制

气候变化与人类活动已成为影响地球表层系统运行的重要驱动力。从流域研究角度出发，人类活动的影响显得更为重要。认识人类活动的空间作用方式、空间作用强度，将其进行科学的空间参数化是深入认识干旱区域水、生态、社会经济过程的重要环节，在一定程度能够推进流域生态—水文耦合过程的研究深化。

（四） 研究主题与集成研究平台建设

由于研究对象的复杂性和时空特性，使诸多观测、试验不可重复，加上初始条件对于过程演变的制约显著，造成了现代地球科学发展对过程的认识具有对长期连续观测的依赖性。近年来地球科学特别强调长期系统观测模拟和多学科协同研究，凸显出集成研究平台在科学计划中的作用。因此，本研究计划将采取主题研究与集成平台等能力建设相结合的方式进行组织。

1. 研究主题

（1）干旱内陆河流域冰雪、冻土演化与水文、水资源变化过程

冰雪、冻土是内陆河流域重要的水源区，认识干旱内陆河流域冰雪、冻土演化与水文、水资源变化过程对于理解流域水循环和水资源形成过程具有重要意义。其主要研究重点应以定位观测为基础，分析冰雪、冻土水热过程空间演化特征及尺度效应，发展具有原型特点和基于物理过程的水文模型。需要关注如下科学问题：

- 山地冰川、积雪消融的物理过程及其冻土变化和相变机理；
- 山区复杂地形条件下冰川、积雪和冻土水热过程的时空分布特征、空间参数化及动态模拟；
- 冰雪、冻土时空分布变化及人类活动和气候变化影响的水资源效应；
- 发展基于冰川—积雪—冻土物理过程的水文模型。

（2）地表水与地下水转换过程及生态效应

内陆河流域地表水—地下水的转换关系一直是干旱地区水文学研究的重要内容，定量识别该区域不同形式的水转换规律及其在人类活动影响下的变化特征，回答干旱区水资源潜力和可利用地下水量相关的科学问题，为流域水资源统一调配与管理、流域生态环境建设提供基础依据。需要关注如下科学问题：

- 不同水文地质单元垂直与水平方向上水量的迁移转化规律；

- 基于生态效应的地下水与地表水之间的转化机制；
- 大气降水、地表水—地下水之间的转换过程及耦合模型；
- 不同水文情景下区域地表水与地下水水量和水质时空分布与趋势预测。

（3）不同尺度植被水分利用与耗水的生物学机制

干旱区植物在长期的适应演化中形成了特有的适应机制和水分利用方式，揭示干旱区植物的水分利用效率和耗水的生物学机制是提高干旱区水效益的重要基础。需要关注如下科学问题：

- 植物个体的水分代谢及其生物调控机理；
- 个体、种群、群落、生态系统水分利用效率及其群体效应；
- 不同尺度植被蒸散特征及耗水机制；
- 植物适应干旱、盐碱和风沙环境的机制和阈值；
- 荒漠植物的地下生物学过程及植物共生机制及水分效应；
- 绿洲作物对土壤水、热、盐、养分耦合运移影响及生产力形成机制。

（4）典型植被格局生态—水文过程的相互作用机制

斑块状植被格局是内陆河流域典型的自然植被格局，是长期适应气候、土壤、地貌的结果，具有特有的生态—水文作用方式和特定的生态—水文功能。人工绿洲生态系统是干旱区人类活动强烈影响下主要初级生产的来源地。揭示典型植被生态—水文过程及格局演变规律，阐明人工绿洲水循环、水平衡过程及其调控机理，可直接指导生态环境建设和生态系统管理。需要关注如下科学问题：

- 自然与人文作用于生态—水文过程的耦合方法；
- 典型小流域景观格局与生态—水文过程及效应；
- 人工绿洲结构与水循环和水平衡；
- 荒漠河岸林生态—水文过程与需水量；
- 山地—荒漠—绿洲生态水文及其相互作用。

（5）流域经济—生态—水系统演变过程

在气候变化和人类活动双重驱动下，流域尺度水文过程和生态过程的巨变及其与社会经济系统的联动效应日益明显，认识和甄别流域水—生态—经济系统演变的气候变化背景、人类活动影响及其生态—水文过程效应是制定流域水资源管理对策的基础。需要关注如下科学问题：

- 过去 2 000 年来水土资源开发利用的空间格局演变；
- 流域生态—水文系统变化的气候变化与人类活动驱动机制；
- 重大水利—生态工程对流域水—生态—经济系统的影响评价与趋势预测。

（6）流域生态—水文集成模型与决策支持系统

以模块化的集成思路，研究包括水文—生态—社会经济等多学科模型集成的机理和方法，以流域尺度水和生态问题为中心，对其自然过程的相互作用进行机理研究，实现流域尺度不同生态系统条件下地表能量—水文—生态相互作用的精确表达，提升对地表过程物理机制的理解、模型的综合应用水平和模拟预测能力，实现对流域水资源精细化管理的决策支持。需要关注以下科学问题：

- 流域生态—水文过程尺度转换方法与技术；
- 流域水—土—气—生—人综合模型（重点突破地表—地下水耦合、生态和水文过程耦合、自然和社会经济耦合）；
- 流域水资源管理空间决策支持系统；
- 高分辨率的流域尺度陆面/水文数据同化系统。

2. 集成研究平台建设

（1）流域观测系统

主要围绕典型流域分布式生态—水文模型和流域综合管理决策支持系统对于数据的要求，建立遥感—地面观测一体化的、高分辨率的、能够覆盖流域水、生态及其他环境要素和社会经济活动等方面的流域观测系统。

（2） 数据信息系统

主要围绕典型流域分布式生态—水文模型的建立，开展数据集成，形成标准化的模型驱动数据集、参数数据集及验证数据集，发展流域数据信息系统，支撑模型开发、改进和评估。同时促进研究计划内共享科学数据，为流域科学及流域综合管理服务。

3. 预期成果

（1）揭示干旱内陆河流域不同尺度生态—水文过程；

（2）认识干旱内陆河流域绿洲空间过程的水文学机理；

（3）建立干旱内陆河流域生态—水文多尺度观测系统与数据同化方法；

（4）发展干旱内陆河流域人文—生态—水文过程集成方法与尺度转换技术；

（5）开发流域经济—生态—水系统集成模型与流域水资源管理决策支持系统；

（6）形成高水平科研队伍，培养高水平的人才，创建中国干旱区内陆河流域研究平台，使中国内陆河流域生态—水文过程集成研究的整体水平跻身国际前列。

（五）实施方案

1. 跨越发展理念与集成升华的工作思路

重大研究计划以“需求做牵引、基础为基点、寻求重点突破”的基本工作思路，从国家自然科学基金委员会的使命和宗旨出发，以基础研究为基点，注意处理好与国家重大专项、863、973 等计划的区别与衔接。设计的科学问题突出应用导向性和科学前瞻性。本着跨越发展理念，坚持“有所为、有所不为”，集中力量，明确有限目标，寻求重点突破。本计划重要特点之一是涵盖多个学科，交叉特色明显，通过项目群和适度提高资助强度等方式，聚集不同领域的专家队伍，充分发挥不同学科的长处，围绕干旱区生态—水文所涉及的重大科学问题开展研究。本计划为在不同领域的科技人员提供基础研究的平台和学科交叉研究与交流的环境，以实现计划项目成果的不断提炼和升华，促进源头创新，达到集成升华的目的，使中国流域生态—水文领域的基础研究在国际上占有一席之地，产生重要影响。

2. 项目结构设计

本重大研究计划根据“以科学问题为先导”和“择优支持”的原则，组织前瞻性、交叉性的研究。根据顶层设计按年度计划分批立项，发布指南。将“培育项目”和“重点支持项目”相结合，根据需要，进行追踪和滚动支持。为吸引优秀人才，所设课题的研究经费强度原则上高于相应的一般面上和重点项目的资助强度。

对重大研究计划的经费只作预算控制，在项目的实施上，主要资助“培育项目”和“重点支持项目”。对具有比较好的创新性研究思路或比较好的苗头，但尚需一段时间探索研究的申请项目将以“培育项目”方式予以资助，研究年限为 3 年，资助强度每项不低于 50 万元；对具有较好研究基础和积累，有明确的重要科学问题需要进一步深入系统研究，同时体现学科交叉特征的申请项目将以“重点支持项目”的方式予以资助，研究年限为 4 年，资助强度每项约为 300 万元。部分确有需要的项目，经专家委员会讨论，其研究年限可适当延长。对于关联性和连接性强的项目，设置项目群，进行项目组织与管理。进展优秀或成果突出的项目，经项目负责人申请和专家委员会讨论，可延续资助。

3.“指导专家组”“管理工作组”和“重大研究计划办公室”

重大研究计划的组织实施要充分体现“依靠专家”“科学管理”的宗旨，实施以专家组指导与管理专家相结合的管理模式。设立指导专家组，负责重大研究计划的科学规划、顶层设计和学术指导；设立管理工作组，在主管委主任的领导下，负责重大研究计划的组织及项目管理工作。

（1）指导专家组：由来自不同单位、不同学科领域的 9 名科学家组成，其中组长 1 人，副组长 1 人。同时聘请学术秘书 2 人。为保证重大研究计划的高质量实施，指导专家组成员不申请该重大研究计划的项目。

（2）管理工作组：考虑本重大研究计划的跨学科和国际合作的性质，由重大研究计划主管科学部、计划局、国际合作局、相关科学部共同成立管理工作组，以保障重大研究计划的顺利实施。管理工作组设组长 1 人，由重大研究计划主管科学部副主任担任，负责联系指导专家组，主持管理工作组日常工作，签署重大研究计划报送材料，并向主管委主任汇报重大研究计划执行中的重大事宜等。

（3）重大研究计划办公室：为便于具体实施与管理，设重大研究计划办公室。建立“黑河流域生态—水文过程集成研究”重大研究计划的网页，向公众及时公布研究计划的立项情况、具体研究进展及相关事宜。

4. 实施原则

（1）把握基础性、前瞻性和交叉性的研究特征，体现国家重大需求和科学前沿的有限目标。

（2）实行专家学术指导与项目资助管理相结合的管理模式。

（3）顶层设计的目标导向与科学家自由探索相结合，遴选新项目与整合集成在研项目相结合。

重大研究计划的每一资助项目都应本着有限目标的原则，以科学问题为先导，集中力量，重点突破。各项目应充分考虑其在整个重大研究计划中的作用，为重大研究计划整体科学目标的实现作出贡献。鼓励项目在实施过程中开拓新理论、新方法、原创技术。项目实行滚动管理，对进展状态差的项目，经专家委员会讨论后可建议终止执行。

5. 学术交流与数据共享

为加强重大研究计划不同项目负责人及研究人员之间的联系和学术思想、信息的及时交流，促进新的科学研究群体的形成及多学科交叉、融合与集成，将举办如下学术活动：

（1）一年一次的学术交流会和工作会议。指导专家组（包括秘书组）、管理工作组和全体重大研究计划项目负责人参加。交流研究成果与心得，研讨项目执行过程中出现的有关问题，以保证项目的顺利进行。

（2）专题研讨会。以项目群为活动重点或邀请有关项目负责人交叉领域的有关专家参加，进一步促进项目组之间的实质性交流。

（3）组织指导专家组和管理工作组对相关优势科研单位进行学术考察，特别是对承担重点支持项目的单位进行学术考察与评估，确保项目的集成升华。

（4）列出野外观测和遥感试验专题，基础数据统一整理，实现共享。研究数据分步管理，推进数据共享。

6. 国际合作与交流

强调国际学术合作与竞争，鼓励项目在国际高水平杂志上发表学术论文，组织召开国际学术会议，以扩大本重大研究计划的研究成果在国际学术界的影响。本重大研究计划在强调广泛的国际合作的同时，贯彻“以我为主”的原则，以突出中国科学家在重大科学问题上的学术地位。鼓励和支持中外科学家联合申请项目，组织有关专家对该领域研究领先的国家和地区进行学术访问和考察，加强国际学术合作，聘请相关专家参加学术研究，积极推动国际学术交流与合作。

（六） 经费使用计划

分年度安排经费使用计划（包括研究经费、调研考察经费、年度交流经费和国际合作经费以及其他所需经费）。

建议投入经费 1.5 亿元。总经费拟分为立项研究经费和组织管理与学术交流经费。其中，① 培育项目 3 000 万元，每个项目 50 万元；② 重点支持项目 6 000 万元，每个项目 300 万元；③ 野外观测与遥感试验 2 000 万；④ 集成项目 3 000 万元，每个项目 1 000 万元；⑤ 组织管理与学术交流费 1 000 万（占总预算的 6.67%）。

后　记

写书，我有两个原则：第一，写书是为了让读者看，看了有帮助、有启发，所以，要写有内容的东西；第二，少写废话，以节省读者时间，所以，能省一字则省一字，太多废话无疑是对读者时间的浪费。基于这种考虑，本人写的文章和专著能简则简，能短则短，《地理学要义》便是遵循这一原则写出。写一本短书、谈一点大问题，能对地理学者有一点帮助，也算心安了。

地理学博大精深，学懂还真不容易。回顾作者触及地理学至今形成的一些想法和思考，与许多前辈、师长和朋友的帮助分不开，回想起来，多有感慨。

东北师范大学的地理学启蒙。改革开放给了我们这一代人进入大学学习的机会，大学之初我并不了解地理学，在不了解的情况下填报了地理学专业。第一次真正触及地理学之时，我就感受到其博大精深，明白它并非是一般努力就可精通实质的大学问。当时，东北师范大学是一所非常好的学校，尤其在地理学方面有一批优秀的学者。他们德才兼备、学养出众，与国内一流学者齐肩。那些前辈学者们拥有完善的地理哲学思维和地理时空思维，给当时的学生注入了真正的地理学精髓。时过40年，景贵和先生讲授的《综合自然地理》课程仍让我记忆犹新。从他的教授中，我们学会了计算因太阳辐射导致的不同纬度的能量分配，其构成了全球热量区域差异的本质；我们理解了纬度地带性在地理空间上的表现，学会了如何选择地带性地理特征的代表性地点；我们知道了自然界存在的自然信息联系构成陆地表层系统整体行为的关键逻辑。景先生亲自指导长白山实习，在四个不同高度带向我们展示了土壤和植被的表现形式，并引入了地理要素在地理空间的综合表现概念。这短暂的四年时间，在我学习地理学的历程中并不算长，在东北师范大学我学懂了地理学，但并没有学深地理学，这是由本科的学习目标决定的，并非老师教导无方。

北京大学的地理时空思维的建立。北京大学是世界知名大学，我有幸在这里完成硕士和博士阶段的学习。当时的北京大学向世人展示了“海纳百川、兼容并包”的品格，给予每位学子毫无拘束的想象空间。那个时代的北大人，不世俗、敢当先，可称之为中国知识分子的楷模。最为幸运的是，有机会成为崔之久先生的弟子，先生为人正直、学识渊博，育学与研究皆为楷模。崔之久先生为中国现代冰川和第四纪冰川研究做出了重要贡献，为中国各类混杂沉积的识别建立了判别标准，系统解译了青藏高原古岩溶形成的构造与气候成因，科学回溯了中国的纬度多年冻土南界演化过程……师从先生六年，真正理解了地表现象是地球内外动力共同作用的过程，认识到不同地理空间环境对地表格局的塑造能力，为理解地理机制的逻辑关系打下了思维基础。在北京大学学习期间，我还学习了《矿物学》《岩石学》《构造学》《古生物学》等地质学的七门课程，这为后来从事科学基金管理工作提供了许多帮助。

中国科学院植物研究所的地理系统思想的形成。简言之，植物所研究重点是关注植物生命系统过程，小到细胞，大到全球，无论是细胞水平的生理、生化过程研究，还是全球生态系统水平的研究，都将系统思维作为研究的科学理念。当时，我跟随孙湘君先生和张新时先生从事博士后研究工作，出站后又工作了四年时间，主攻古生态学方向，而了解现代生态是开展古生态学研究的重要基础。生态学是近现代宏观科学中有理论、有方法、有技术的成熟型学科之一。传统生态学告诉我们生命系统演化过程中不同生物种类的功能和作用，现代生态学更加关注生态系统与生境的相互依存关系。尽管陆地表层系统结构尚没有生态系统那样清晰，但是，我们深刻地体会到陆地表层是一个有机系统，而且是由自然和人文要素构成的更加复杂的系统，并受自然和人文两类要素驱动，遵循两类规律运行。因而，陆地表层系统更加复杂。当然，陆地表层系统的概念自提出已有几十年的时间，但至今尚未得到很好的阐释。时至今日，随着系统科学的不断进步、复杂性方法的不断提出，为科学认识、深层理解陆地表层系统提供了新的机遇。

国家自然科学基金委员会的学科战略思维的训练。自然科学基金委员会是一个学术管理机构，名曰自然，但包含了两个特殊的学科：管理学、人文地理学。严格地说它们不能算是自然科学范畴，但恰恰是这两个另类学科，为我们从人地系统的视角考虑问题提供了机会。地理学是关注人与自然相互作用的学问，本身构成了非常丰富的学科体系，若想理解纷繁复杂的陆地表层系统，需要多学科的均衡发展，同时，也需要关注技术的支撑和方法的拓展。因而，在基金委工作的时段里，我以解译陆地表层系统为目标来构建学科发展规划，强调人文要素与自然要素的融合研究，强调不同研究方法在不同地理尺度的功能。这在当时并不被理解，无论是在管理层面还是在研究层面，其主要表现是国家自然科学基金委员会几度对人文地理学存在的合理性提出质疑，个别人曾产生过取消对人文地理学资助的想法。在当时极端困难的情况下，我加倍强调人文地理学的理论建设、方法建设，提升高质的社会服务，为人文地理学在国家自然科学基金体系中保留一席之地而不遗余力地求索和努力，但今天的一些成名学者可能并不知晓曾经的艰辛的历程。当时的国家自然科学基金委员会承担着支撑学科发展的重要任务，作为地理学科处的带头人，我先后发起自然地理、土壤侵蚀与水土保持、湖泊科学、土壤生物学、环境地理学等多个方向的战略调研，当时的这些学科战略研究对中国地理学的发展起到了积极作用。尤其值得一提的是在 2003 年 12 月，由基金委发起的“中国人文地理学学术沙龙”，对推动我国人文地理的理论提升起到很好的作用。其后，中国人文地理学者相继轮流主办这一活动，应该说对中国人文地理学的长远发展有一点点帮助。当时这些调研形成了一系列指导性成果，发表于《湖泊科学》《水土保持学报》等学术期刊，尽管本人没有署名在前，却是无可争议的核心贡献者。当时把握基金工作的原则很简单：支持一批好人。现在看来多数人人品尚佳，也有个别令人失望。把准方向可以为学科进步和社会服务提供核心、专业、有用的知识。在国家自然科学基金委工作期间还有一项工作值得一提，那就是按照程国栋先生的思想完成了“黑河流域生态—水文过程集成研究”重大研究计划文本，这一计划的提出、执行，一直到结题，我以负责的态度全程参与。该研究计划集中了全国该领域的优秀科学家，采用耦合解析、综合集成的思想，建立基于系统研究的观测体系、开放共享的数据平台、综合集成的模型构建，成为基于数据、模型基础的综合集成研究，我将其视为地理学综合研究的实验，对学科发展具有带动作用。

我与中国地理学会。如果十余年前中国地理学会是中国地理学者的“娘家”，那么今天它变成了中国地理学者的“婆家”，从“嫁闺女”到“娶媳妇”，发生了本质的变化。这种质的变化与张国友先生付出的巨大努力分不开。国友先生曾经说过：“我把地理学会当成家，别人说我不好能接受，但说地理学会不好我很难接受。”从中我们能看出他对地理学会的热爱。事实上，地理学对地理学者来说就是饭碗，靠它吃饭就有责任和义务爱护它、发展它、壮大它，不能只靠它出名、得利。环顾左右，国友先生对地理学有真爱，他站位高远、联合众邦、拓展机构、发展学科，树立了中国地理学会在学术界的良好形象，使学会成为中国地理学发展的航标。有机会与国友先生共同为中国地理学发展、为中国地理学会建设尽绵薄之力的同行学者不枉称地理学人。时间会过得很快，人们会逐渐淡忘那些曾经为地理学无私付出而不求回报的人们，但地理学的发展史上应该记述那些人的名字。

我与北京师范大学。北京师范大学是改革开放以来中国地理学界中备受关注的教学与研究机构，曾经出现过饱受争议的新机构、新学科和风云人物，正是这些敢为人先的行为，为中国地理学发展不断注入新的活力。回顾历史，北京师范大学在地理学基础上发展起来自然资源学和灾害风险科学，形成了自然资源、灾害风险和全球变化领域新的人才培养方向。今天的北京师范大学在学科发展方面尚存在许多要完善的地方，但已经形成了健全的学科方向，建立了良好的观测平台、模拟平台、实验分析平台和高性能计算平台，为发展地理学打下了良好的基础。我与傅伯杰先生驻足北京师范大学，希望能够借助北京师范大学地理学科、测绘学科等多学科的优势，为中国地理学的发展做一点事。

行将暮年，希望能为中国地理学做点贡献。

宋长青

2020 年 2 月 19 日

写于新冠疫情于家中隔离期